中学生の質問箱

食べるってどんなこと？

あなたと考えたい命のつながりあい

古沢広祐

平凡社

私たちの生きる社会はとても複雑で、よくわからないことだらけです。困った問題もたくさん抱えています。普通に暮らすのもなかなかタイヘンです。なんかおかしい、と考える人も増えてきました。

そんな社会を生きるとき、必要なのは、「疑問に思うこと」、「知ること」、「考えること」ではないでしょうか。裸の王様を見て、最初に「おかしい」と言ったのは大人ではありませんでした。中学生のみなさんには、ふと感じる素朴な疑問を大切にしてほしい。そうすれば、社会の見え方がちがってくるかもしれません。

中学生の質問箱

食べるってどんなこと?
あなたと考えたい命のつながりあい

もくじ

はじめに

こんにちは。これから「食べる」ことについて、あなたと一緒に考えていきたいと思います。さっそくですが、あなたは今日はなにを食べましたか？　たぶんなにかを食べたと思います。明日もなにか食べると思います。私たちは毎日毎日なにかを食べています。どうして毎日食べつづけるのだと思いますか？

――だって食べないと死んじゃうでしょ。

そうですね。1日や2日食べなくてもすぐに死ぬわけではありませんが、あなたの言うとおり、生きるためには食べることが必要です。普段ごはんやおやつを食べるときには、「生きるため」「命をつなぐため」という感覚はないかもしれませんが、食べたものは、あなたの身体に姿を変え、エネルギーとなってあなたの命をささえています。

――あんまり実感ないけどね。

それではこんな経験はありませんか？　お昼ごはんのあとの授業で眠くなったり、逆にお腹が空いてくると、集中力がなくなってきたり。もっとお腹が空いてふらふらしてきたり、ごはんを食べると元気がでてきたり。風邪《かぜ》などで体調が悪いときは、食べ物がのどをとおらなかったり。冷たいものを食べすぎてお腹をこわしたり、油っぽいものを食べすぎて胃がもたれたり。

——あるある。

食べものと体調はかなり密接に関係しあっています。傷《いた》んだものを食べると食中毒になって最悪の場合、命にかかわることもあります。食あたりや食中毒は、衛生状態や人びとの栄養状態があまりよくなかったころは、ときどきおきていました。今でも、Ｏ１５７の集団食中毒やノロウイルスの集団感染がおきて話題になります。

また、フグやキノコの一部など毒のある食べものもあります。食べることは生きていくうえで欠かせないけれど、場合によっては危険をともなうことでもあります。どんなものに毒があるのか、どうやったら食べられるのか……大昔から、人は食べるために多大な努力や苦労を重ねてきました。
現在の栄養学では、栄養素の面から食品を何種類かに分けて、主食のごはんやパンなどの穀類、おかずの肉や魚、卵、豆類などのタンパク質を多く含む食品、それにいろいろな種類の野菜をバランスよく適量食べることがよいとされています。コマのような逆三角形の形をした食事バランスガイドの絵を見たことがあるかもしれませんね。

——肉や魚は身体をつくって、穀類はエネルギーになって、野菜はバランスを整えるっていう、やつだね。

はい。たしかにバランスのとれた食事を規則正しくつづけていると、体調がよくなってきます。栄養面から見て、必要な食べものを少なすぎず、多すぎず適量食べることがあなたの命をささえ、健康を維持するのに大事なことであることは間違いありません。
けれども、栄養＝物質的なことは、食べることをめぐるひとつの側面にすぎません。

——どういうこと？

おいしいものを食べるとハッピーな気持ちになったり、お腹が空いているときはイライラして怒りっぽくなったり。落ち込んだときにお気に入りのお菓子を食べるとちょっと気分がよくなったり。食べることは気持ちとも密接につながっています。

――それも食べものの成分による働きじゃないの？

もちろんそういう面もあります。けれど遠足のお弁当やバーベキューなど、みんなでわいわい食べるごはんは格別においしかったりしませんか？　お菓子などはカワイイほうが食べてうれしいですよね。栄養や成分だけではないなにかが食べものにはあるようです。

社会的な習慣にもそういうことがあります。お正月には鏡餅《かがみもち》を飾り、お雑煮《ぞうに》、七草がゆを食べる風習はつづいていますね。節分《せつぶん》には豆まき、桃の節句の菱餅《ひしもち》、端午《たんご》の節句の粽《ちまき》や柏餅《かしわもち》のほか、土用の丑《うし》の日にはウナギを食べたり、お盆には先祖の霊にお供え物をしたり、中秋《ちゅうしゅう》の名月には月見団子など、食べものと結びついた四季折々の行事や風習が今でも受け継がれている所は多くあります。

――そう言われてみればそうだね。

はい。じつは人は食べるということについて、崇高《すうこう》なものとしてのかかわりを持ちつづけてきたのです。行事のときの特別な食事も、そういう食と人とのかかわりの流れをくむものです。

最近では仏壇《ぶつだん》や神棚《かみだな》があるお宅は少なくなりましたが、数十年前（1970〜80年代くらい）までは、仏壇や神棚がある家が一般的でした。あなたのおじいちゃんやおばあちゃんの家にも仏壇があるかもしれませんね。仏壇には他のお供えとともに「お仏飯《ぶっぱん》」やお水やお茶をお供えし、神棚には水、お米、塩をお供えします。どちらもお供えしたあとは、「お下がり」としていただきます。昔から、人びとは食べものを仲介にして、崇高なるもの（天地自然、先祖）とコミュニケーションをしてきたのです。

季節ごとの行事でそれぞれ特別な食べものを食べるのも、食べものに対するこのようなかかわり方の流れをくむものです。

こうした積み重ねが、それぞれの地域特有の食文化を形づくってきました。全国各地には郷土料理や郷土食があって、お漬物やお惣菜《そうざい》やお味噌汁《みそしる》でもじつにさまざまです。海外では、韓国のキムチ、インドのカレー料理（スパイス）、イタリアのパスタ類、ヨーロッパ各地のチーズ類、ワインやビールなども地域性が色濃いですね。
また、結婚式やお葬式、忘年会や新年会、歓迎会や送迎会……と節目ふしめの行事ではみんなが集まって一緒に食べます。また、同じ職場などで苦労をともにした仲間同士のことを「同じ釜《かま》の飯《めし》を食った仲」というような言葉もあります。

食べるということは、単に食べてそれが栄養になるということだけではなく、地域に受け継がれてきた人びとの営み、歴史や文化（風土）として積み重なった上に築かれています。そして、そうしたいろいろなつながりの中で、いろいろな命が自分の中に吸収され、自分の命となり、ふたたび移り変わります。食べるということには、命の連鎖《れんさ》の世界がかくれているのです。

あまりに多くの面があってそのすべてをお話しすることは不可能ですが、そういう奥が深くて壮大な営みとしての食の姿、命の循環の中の生きるすがたを見てみましょう。あなたが生きているこの世界の不思議、そのことの基本にある食について、いろんな側面から考えていきたいと思います。

まずは、命の連鎖としての側面からお話ししましょう。

第1章

食べることが命の連鎖なの？

――食べることが命の連鎖《れんさ》なの？

はい。私たちは食べることで命の連鎖の中にいます。それがどういうことか、お話ししていきます。

だいいちには、食べものは、水と塩以外はどれも命だったもの、生きものでした。たとえば、ごはん、ホウレンソウと麩《ふ》の味噌汁《みそしる》、ハンバーガーについて、水と塩以外の材料をみてみましょう。

◎ごはん

ごはんはお米を炊いてつくります。お米は稲《いね》の実（稲穂《いなほ》）の殻《から》を取った中身ですから、植物＝生きものの一部です。

◎ホウレンソウと麩の味噌汁

味噌は大豆《だいず》と米麹《こめこうじ》と塩でつくります。

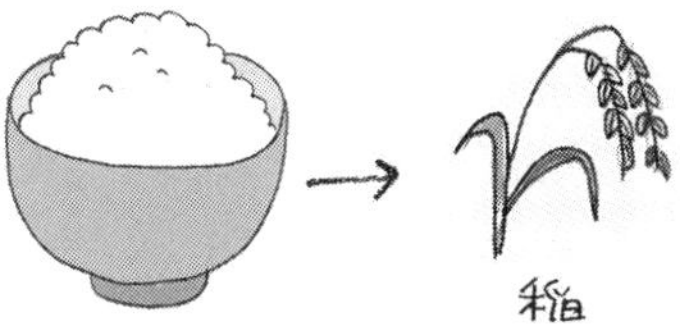
稲

ホウレンソウ
大豆
塩
米麹
味噌
小麦
麩
煮干し
昆布
鰹節
カツオ

大豆は節分《せつぶん》の豆まきにもつかう植物の実です。生きものの一部です。米麴は麴菌《こうじきん》と呼ばれる微生物《びせいぶつ》が米をある程度分解したものです。米は植物、麴菌も微生物ですから生きものですね。

出汁《だし》は昆布《こんぶ》や煮干《にぼ》しや鰹節《かつおぶし》からとりますが、昆布は海に生えている植物、煮干しは小魚、鰹節はカツオの身を煮て何度も燻《いぶ》し、何度もカビをつけてつくります。カビも微生物ですから、生きものです。

ホウレンソウも植物ですから生きものですね。

麩はグルテンと呼ばれるタンパク質を小麦粉から取り出して焼いたものです。元は小麦ですから生きものです。

◎ハンバーガー

バンズは小麦粉、砂糖、バター、塩、イースト（ベーキングパウダー）でつくります。

小麦粉は小麦の実を粉にしたものです。

砂糖は、サトウキビやテンサイ（サトウダイコン）ほかの植物の糖分を煮詰めるなどして結晶させてつくります。もとは植物ですから生きものです。

バターは牛乳の脂肪分を攪拌《かくはん》（激しく振ること）して固めたものです。牛乳は牛とい

トマト
レタス
タマネギ
パテ
ミンチ
コショウ
ナツメグ
塩
バンズ
小麦粉
小麦
砂糖
サトウキビ
テンサイ
イースト
塩
バター
MILK
牛乳
牛
ケチャップ
砂糖
米
酢
トマト
タマネギ
ローリエ
マスタード
酢
塩

う命の一部だったものです。

イーストは酵母菌《こうぼきん》の一種＝微生物です。

パテは牛ひき肉と塩、コショウ、ナツメグなどのスパイスを練《ね》ってつくります。

牛肉はもちろん、牛という生きものでした。

コショウとナツメグは植物の種です。

パテのほかレタスやタマネギ、トマトをはさむかもしれませんが、どれも植物ですね。

ケチャップはトマト、タマネギなどの野菜、ローリエ（植物の葉です）などのスパイス、酢《す》、砂糖を煮詰めてつくります。野菜もスパイスも砂糖も元は植物でした。酢はお米を米麹で発酵《はっこう》させて、さらに酢酸《さくさん》菌で発酵させてつくります。どれも生きものです。

マスタードもつけるかもしれませんね。マスタードはアブラナ科の植物の種と酢、塩でつくります。塩以外は生きものです。


――ふー、たくさんあったね。なんだかお腹がすいてきた……。

はい。食べものの材料には、じつにたくさんのものが含まれています。ごはんと味噌汁とハンバーガー、たったこれだけのメニューですがたくさんの材料からつくられていましたね。そしてどれも水と塩以外は元は植物か動物か微生物、つまり生きものでした。

――微生物まで考えると、すごい数の生きものを食べてることになるね。

はい。そのとおりですね。ところで、あなたはごはんを食べる前に「いただきます」と言いますか？　この言葉にはいろんな思いが込められているのですが、とくに注目したいことは「命をいただく」という意味があることです。「いただき」（頂き、戴き）は、もともと高いところを意味する言葉から、頭にかかげて敬《うやま》いのしぐさとなり、ありがたさ（感謝の思い）を表すようになりました。

「いただきます」には「命をいただく」の意味がある

仏教においては命の恵みへの感謝を表す言葉として、たとえば、浄土真宗では食前に「多くの命と、みなさまのおかげにより、このごちそうをめぐまれました。深くご恩を喜び、ありがたくいただきます」と唱えるそうです。食事での表現としては室町時代以降の狂言に使用されていますが、広く作法として食事のときに「いただきます」と言うのが定着したのは比較的最近で、太平洋戦争の戦前・戦後の道徳教育によって普及したようです。

その後、食べものが貴重だった時代から、モノがあふれる豊かな時代になって、かえって食生活（栄養バランス）が乱れたり、食べものや食事することが大事にされなくなってきました。２００５年、そうした状況に対してつくられた食育基本法では、栄養バランスの改善が重視されるとともに、人間と自然の緊密なつながりとしての「食」のあり方を見直す面もありました。

食べることの根源的な意味を命の連鎖として気づくと、「いただきます」という言葉には、ほかの生きものの命をいただくという感謝の気持ちだけでなく、食べものを人の知恵や力を超えたものとして、大事に思い敬う気持ちという、深い意味が加わります。

――話がむずかしくなってない？

そうですね。急に言われてもピンとこないかもしれませんが、この本を通して少しずつ感じとってもらえればと思います。

つぎに、命ある生きものだった食べものを、私たちはどうやって消化、吸収しているのか簡単にみていきましょう。理科では自分と同じものに合成するという意味の「同化」（反対語は「異化」）という言葉で表しますが、そこではとても巧みで不思議なことがおきています。

──「消化」＝「同化」っていうことは、消化するって、自分と同じものに合成することだったんだね。

はい。その過程を順を追ってみていきましょう。

まず、食べものは、口の中で噛《か》み砕いて唾液《だえき》と混ぜ合わせて胃に送ります。唾液には消化酵素と殺菌物質が含まれています。よく噛むことはとても大切なことなのです。

胃では蠕動《ぜんどう》運動と呼ばれる筋肉の動きによって食べものと胃液をまぜて、4時間くらいかけてどろどろの状態にします。胃液は強い酸性で食べものについていた細菌（微生物）やウイルスを殺します。

次の小腸では、まず消化酵素を含む胆汁《たんじゅう》や膵液《すいえき》を混ぜ、さらに消化液を分泌して食べものをアミノ酸、ブドウ糖、脂肪酸などの分子にまで分解し、吸収します。6ｍにおよぶ小腸では7時間くらいかけて食べもののほとんどを分解して水分や栄養を吸収します。また、病原体をみつけて無力化しています。

大腸では小腸で消化されなかった繊維《せんい》質などを分解して、水分のほかカルシウムや鉄、ナトリウムなどのミネラルを吸収して、残りかすを便として体外に出せるように送っていきます。あとでお話ししますが、大腸には細菌がたくさん棲《す》んでいて、便には食べものの残りかすと同じくらいの重さの腸内細菌と、同じくらいの重さのはがれた胃や腸の細胞も含まれています。いい状態の便は80％が水分、便の固形分は20％ですから、残りかす、腸内細菌、体の細胞はそれぞれ6・6％程度です。

――そんなにたくさんの腸内細菌や胃腸の細胞が出てきてるの？

そうなんです。食べたものが消化、吸収されて残りが便として出てくるというイメージとはだいぶ違いますね。

さて、食べたものを便として排出するまでには、野菜や果物は消化しやすい、肉は消化しにくいなど食べものによって違いがありますが、24～72時間程度かかります。吸収した栄養は血管を通して肝臓にはこび、そこで必要な調整をして全身に送ります。私たちのお腹の中は、ちみつな化学工場のように働いているのです。

――消化、吸収ってけっこう大変なんだね。

そうです。食べる前には豚や魚、野菜などあなたとは別な命を形づくっていた物質は、

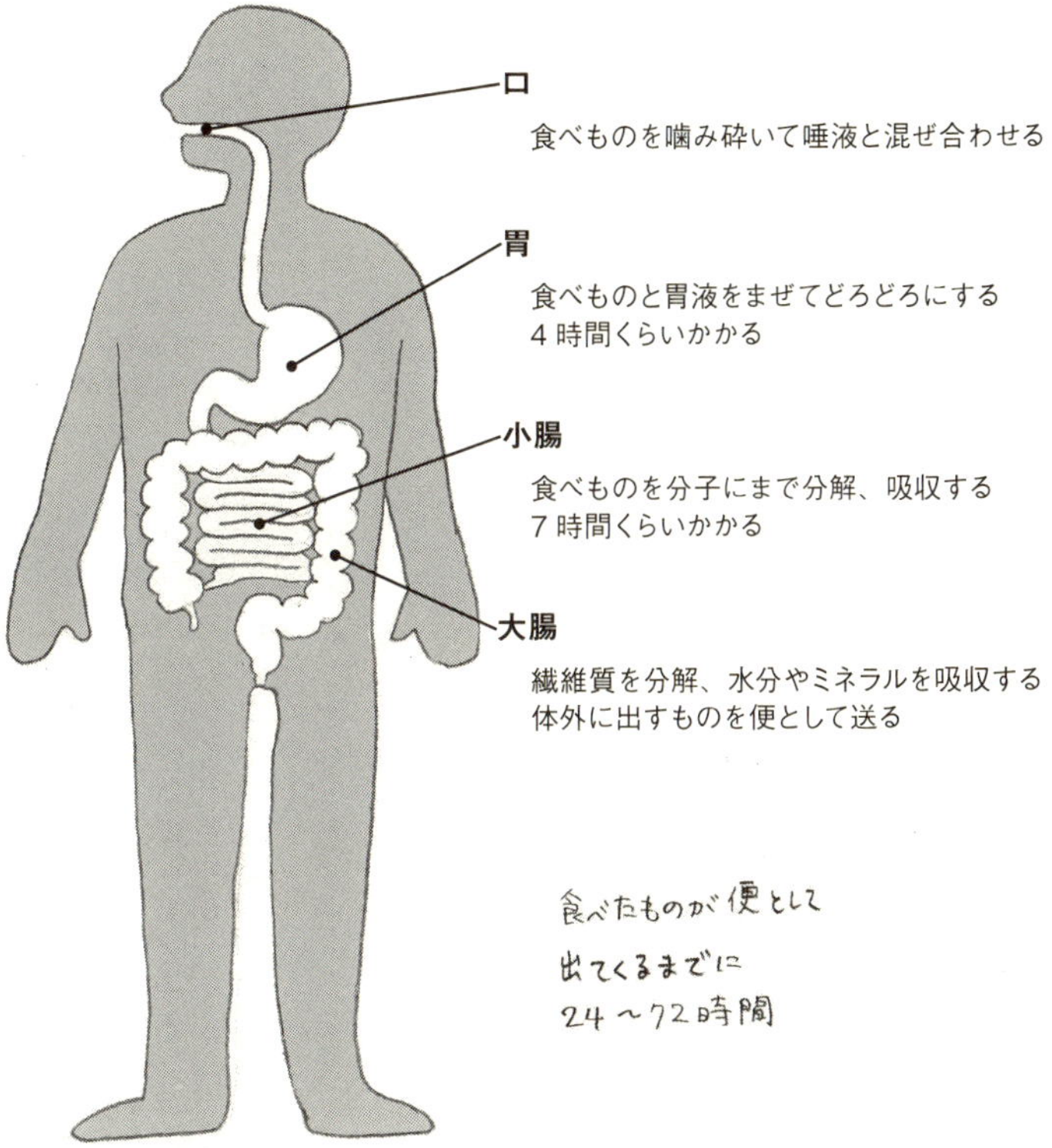
口
食べものを噛み砕いて唾液と混ぜ合わせる
胃
食べものと胃液をまぜてどろどろにする
4時間くらいかかる
小腸
食べものを分子にまで分解、吸収する
7時間くらいかかる
大腸
繊維質を分解、水分やミネラルを吸収する
体外に出すものを便として送る
食べたものが便として
出てくるまでに
24〜72時間

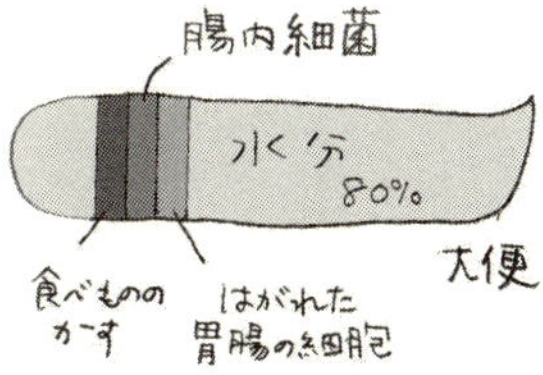
腸内細菌
水分
80%
大便
食べものの
かす
はがれた
胃腸の細胞

分子レベルまで分解しなければあなたの体の一部として取り込むことができません。異質なものを同化するには、でんぷん質はブドウ糖などの単糖類へ、脂肪は脂肪酸とグリセリンへ、そしてタンパク質はアミノ酸へと、生物に共通の構成要素にまで細かくすることによって、やっと吸収して組み立てなおすことができるのです。体内に取りこんだ分子は、身体の器官や体液になったり、エネルギーのもととなる分子となって、古い分子と入れ替わって、あなたを形づくります。

こうして毎日食べものを食べて、分解して身体にとりいれることをくりかえして、血液ならだいたい1週間程度で体内の血液すべての分子が入れ替わります。筋肉や皮膚、内臓などの細胞は場所にもよりますが、数ヵ月から1年もすればかなりの分子が入れ替わってしまいます。私たちの身体というシステムは、こうして命を維持するために必要な物質を出し入れしながら、つねに一定の状態を維持しているのです。

――身体全部の分子が少しずつ入れ替わってるってこと?

そうです。次々に食べたもので次々に替わっていく、いわば「着せ替え人形」の服だけでなく人形の身体自体も次々に入れ替わっているようなものです。

――何か変な気がしてきた……自分って、何なんだろう？

あなたの身体は次のようにイメージすることもできます。

身体の構成要素は、水分がおよそ6～7割で、タンパク質と脂肪がそれぞれ1～2割、あとはミネラルと炭水化物（エネルギー源）です。大半を占める水の出入りで考えると、毎日2～3リットルの水分（食物にも含まれる）を補給して、汗や尿、便などでほぼ同量が出ていきます。

水道水は雨水や山に沁《し》み込んだ水が流れとなった川や貯水池、地下水などから供給されていますし、野菜や果物の水分は土に沁み込んだ雨水を吸い上げたものです。牛乳や肉、卵の水分も牛や豚、ニワトリなどが身体に取り入れた水です。あなたが身体にとりこむ水は、すべてもとをたどれば雨などです。言いかえれば、天地自然の水の循環の一端にあなたの体があって、そこを水が姿を変えて通り過ぎているのです。

――……とすると、水も食べものも、私も、分子サイズのレゴ（組立てブロック）でつくられていて、つねにお互いのピースが入れ替わってるみたいな感じ？

そうですね。水の分子や、脂質やタンパク質の分子などがパーツとして、あるときは人間の身体を形づくり、あるときは牛や豚を形づくり、あるときは野菜や果物や木を形づくっている……このように見るとたしかに分子がレゴのひとつひとつのピースとも考えられます。

けれども、分子は他の分子と組み合わさって変化したり、その場所でさまざまな働きをしています。ですから、物質の出入りとしてだけ考えるのでは十分ではありません。分子のふるまいの中に生物の世界が形づくられていて、そこで出入りしているのが命なのです。

——分子のふるまいの中で出入りしているのが命？　またむずかしくなってない？

そうですね。命とは何か、人間はまだ把握できていません。捉《とら》えきれないのでむずかしいのです。ところで、命にはこんな説明もあるんですよ。生物学者の福岡伸一さんは、移り変わる姿として生物が存在している様子について、「動的平衡《どうてきへいこう》」という言葉で呼んでいます。分子レベルで考えると、環境の中の分子がひとときある個体にとどまって命を保っている、生命は絶え間なく更新される動きの「流れ」にあるという捉え方です。流れの中

私たちの身体は、食べることを通して大地・自然の循環の一部を担っている。

で、絶妙なバランスが生じて、安定した姿をつくりだす状態（動的平衡）が現れてくるというのです。命についての、おもしろい見方です。

——移動しつづける物質の中で、バランスを保っているのが命ってこと？

そういう捉え方ができると思います。何が命か、ということは置いておいても、地球上の命あるものすべてが、「流れ」の中にあり、バランスを保っているのは事実です。たとえば、一定の量以上を食べつづければ胃腸をこわしたり肥満してしまいます。逆に不足しつづければ栄養失調になり、衰弱《すいじゃく》して命の危機に直面します。水の場合も同じです。また、水や食べものだけでなく空気にしても、必要量以上の酸素を取りこむと脳の機能に悪い影響をおよぼします。空気の出入りも、ほぼ一定の量を保って平衡状態を維持しているのです。

そういう意味では、物質の循環、命の循環とは、地球上の生命全体の循環であり、大げさに言えば、宇宙全体のながい物質の歴史の中で、私たちは食べたり飲んだり息をすることで、地球上の物質を自分の中に取りこんで、自分を形づくっているのです。別な言い方をすれば、私たちの身体は、食べることを通して大地・自然の循環の一部を担っていることになります。

私たちの身体は、食べることを通して
大地・自然の循環の一部を担っている

食べるということは、生態系の中に存在する命として、命の循環をつなぐこと、他の生きものたちと共存する関係を担うことなのです。どうですか？　はてしない宇宙の一端とつながっている、と考えると、食べるということが何か崇高なことのように思えてきませんか。

――食べることが命の循環で大自然の循環？　そう言われても、ピンとこないよ。

話が大きくなりすぎたようですね。では、身近に引きつけて考えてみることにしましょう。主役は、さきほど味噌汁やハンバーガーの材料を見たときにもたびたび登場していた微生物です。

地球上の命は、40億年前ごろ海の中で生まれたのがはじまりと考えられています。その海の中では、今でも海洋生物全体の50～90％を微生物が占めていると推定されています。また、陸上でも、植物や哺乳類《ほにゅうるい》、爬虫類《はちゅうるい》、昆虫類などの生物をあわせても、目に見えない微生物たちの数はそれらを大きく上まわっています。

人間の体を形づくっている細胞数は、およそ37兆個ですがそこには約１００兆個もの細菌や真菌《しんきん》（カビの仲間）が棲み着いています。細菌の密度が体内で最も高い大腸の中には、

1ミリリットルの内容物に地球上の全人口数（およそ73億）を上回る細菌類がいます。

その微生物の世界では近年いろいろな発見があって、今、世界観が変わりはじめています。生物の世界の中心は、目には見えないような微生物たちであり、彼らこそがたいへん大きな働きをしていて、私たち人間や大型の動植物はその働きの上に命をつないでいるというものです。

昔、地球が中心で星々や太陽が回転しているという「天動説」から、地球の方が太陽の周りを回転しているという「地動説」へと、世界観の大転換がおきましたが、それと比べられるくらい世界の成り立ちについて、見方を変えてしまう考え方です。

そうした話題をひろめた本として『土と内臓——微生物がつくる世界』（デイビッド・モントゴメリー＋アン・ビクレー著、片岡夏実訳、築地書館、２０１６年）、『失われてゆく、我々の内なる細菌』（マーティン・J・ブレイザー著、山本太郎訳、みすず書房、２０１５年）といった本が話題になっています。簡単に紹介しておきましょう。

『土と内臓』というおもしろいタイトルの本では、土の中の植物の根と人間の腸が似ていると、著者は書いています。

植物は土の中に根をはって栄養をとりこみますが、１本の根には「根毛《こんもう》」と呼ばれるクモの糸ほどの細い毛が数百万本も生えていて、そのため根（植物）と土が接触する表面積

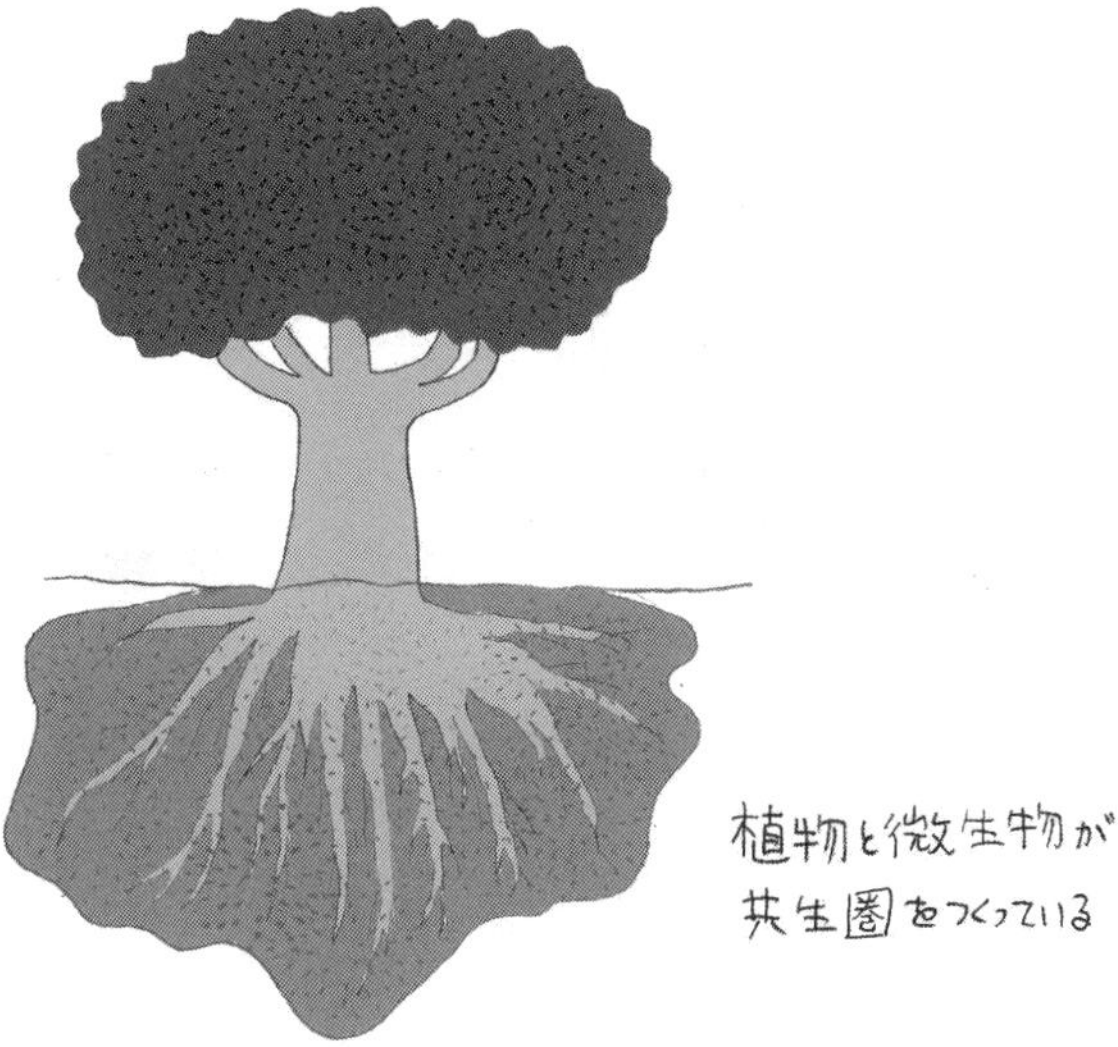
植物と微生物が
共生圏をつくっている

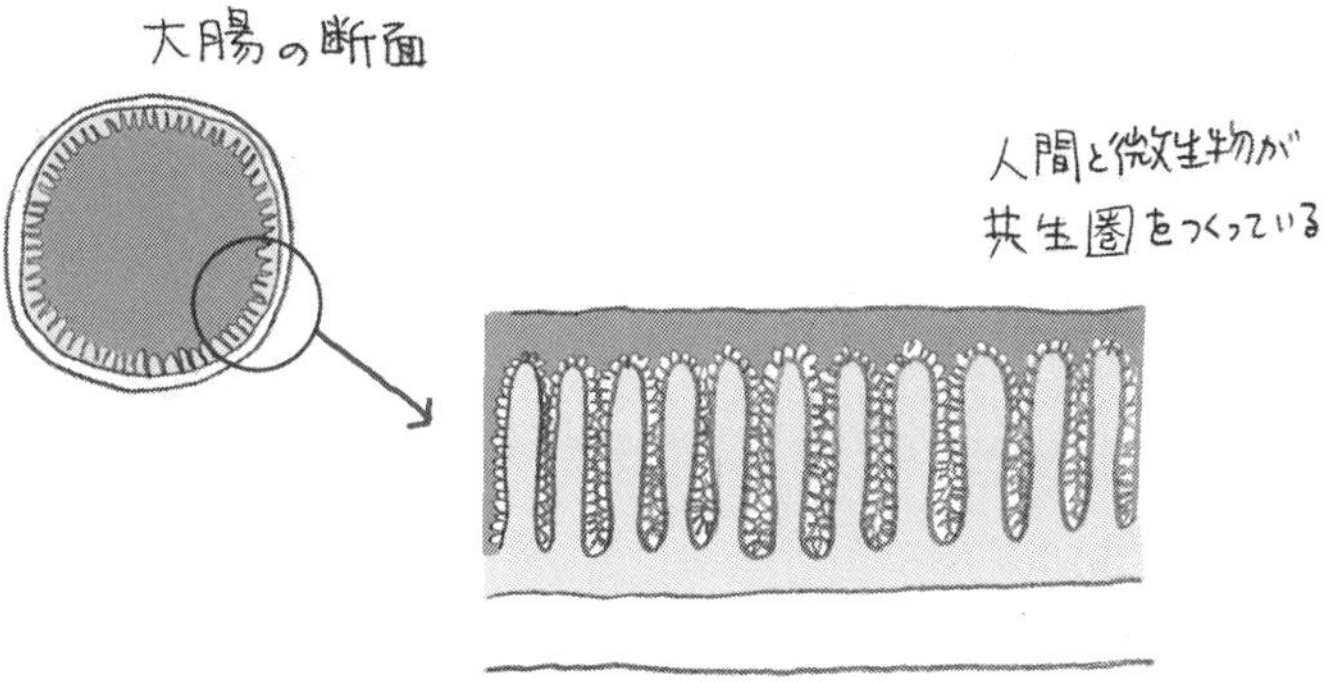
大腸の断面
人間と微生物が
共生圏をつくっている

はとても広くなっています。植物はその根毛から、微生物のエサとなる栄養豊富な液をじわじわと滲《し》み出させるので、そこにたくさんの微生物があつまります。

根のまわりでは、あつまってきた微生物は養分を得る一方、植物にとっては土の中のものを微生物が分解してくれるのでより吸収しやすくなります。また、あつまった微生物がはばをきかせるので、植物にとって病気の原因になるような微生物が増えにくくなります。このような、おたがいにとっていい関係がうまれます。

植物と微生物がおたがいに出し合う物質に気づいて、確かめ合うようにして関係を築く様子は、まるで友だちになるといった感じです。根毛と微生物はたがいに応答しあっているようにふるまい、次第に関係を深めあって助けあう関係ができるのです。たがいに助け合い共に利益を生み出す関係を「共生」といいますが、植物と微生物は安定した共生圏をつくりあげているのです。

この、植物の根と微生物が共生関係をつくりあげていく様子は、私たちの腸の中の様子とそっくりだと『土と内臓』の著者は言います。

人間の腸の中には何兆個もの微生物が棲んでいます。重さにして1～2kgにもなる量で、細胞の数で考えると腸の細胞の何倍もの数です。

腸の内側は細い毛のような突起でびっしりおおわれていて、ちょうど植物の根に生えている根毛のように表面積を広げ、分解された食べものを吸収しやすくなっています。それだけでなく、腸の細胞から滲み出る液をエサにしている微生物も棲んでいるといいます。腸の中に棲み着いている菌は、腸内常在菌と呼ばれています。それらは、腸の細胞とおたがいに影響しあいながら、外から取り込んだ食べものを消化、吸収するのにさまざまな作用をおよぼしています。共生の働きをして、それによって私たちの健康を保っているのです。ときに病気をおこす微生物が増えてしまうとお腹を壊したりしますが、普通はとても安定しています。

――善玉菌とか悪玉菌とか聞いたことあるけどそれのこと?

腸内の細菌類の様子は最近やっと研究が進んできたのですが、わかりやすく「善玉菌」、「悪玉菌」そして「日和見菌《ひよりみ》」(善玉か悪玉かどっちつかずの菌)と呼んだりします。それらの割合は、2:1:7ぐらいでバランスしているのではないかと考えられています。ただ、善玉菌が身体によくて悪玉菌が身体に悪いということではなく、腸内のさまざまな微生物がバランスを保って安定しているのが健康な状態です。

この腸内の微生物との共生関係は、私たちひとりひとりが育てたものです。生まれたときは無菌です。赤ちゃんのウンチが最初は黄色くてニオイもあまりないのはそのためです。だんだんお母さんの皮膚や母乳、そのほか周囲から菌がはいりこんで、腸内の共生関係ができてきて、ウンチらしいウンチになってきます。便は食べもののかすと微生物、胃腸の細胞のかたまりでしたね。食べものが流れ込む腸の中の微生物たちの世界も、つねに入れ替わりながら安定を保っています。

私の経験として、腸の様子の変化を体感するのは外国に行ったときです。外国では、摂る量の多い水にまず気をつけます。ちょっと油断するとお腹を壊しますが、数週間から数ヵ月ほど滞在していると、食べ物がなじみ、おいしく感じられて、お腹の具合も安定してきます。感覚的には、腸の細菌たちが少しずつ入れ替わっているような感じがするのです。外の環境につれて内側の環境も安定してきて、その土地の環境に慣れることができるのです。そうすると、その土地の普通の食事や土地の水を飲んでもお腹を壊さなくなります。お腹がその風土に順応しないことには、その風土の中で元気で健康を保つことは難しいです。腸の中の微生物が外界と自分の身体の間に存在していて、そこで微生物との共生圏が重要な働きをしているのです。

――外界と自分との間を、微生物にとりもってもらってるんだね。

はい。根のまわりや腸内にいる微生物は、いわば外界との仲介役として植物や動物と共生関係を築いているのです。

腸の中の細菌たちが形づくっている生態系を「腸内フローラ（群集）」と呼びますが、この腸内フローラが私たちの健康に深くつながっていることの研究が最近活発になっています。腸内細菌のバランスが崩れると、肥満やアレルギー、高血圧や心臓の病気などの循環器疾患《じゅんかんきしっかん》、ある種の癌《がん》、喘息《ぜんそく》、うつなど、数々の病気の要因になっている可能性が指摘されています。

また最近では、薬や抗生物質での治療が難しい腸炎の症状を改善する治療として、「糞便《ふんべん》移植療法」という新しい治療法も開発されています。健康な人のバランスのとれた腸内細菌を移植して、患者さんの腸内フローラを改善する治療法です。日本ではいくつかの大学病院で行われています。

――他の人のウンチを腸の中に入れるの？　そんなことして大丈夫なの？

もちろん、使用する便は感染症などの有害な菌がいないことを確かめられていますよ。

臭いものにはフタをする時代から、臭いものの効用が研究されるような時代になったのです。ところで、世界的にすごく美味《おい》しいと言われる珍味には、日本の「くさや」（魚の干物の一種）とか、スウェーデンの「シュールストレミング」（ニシンの塩漬け）とか、たいへん臭い食品が多くありますが、どれも微生物たちが働いた発酵食品です。味噌や納豆、チーズやヨーグルトなども、微生物たちが上手につくり出してくれる食品ですが、美味しいだけでなく私たちの健康を助けてくれるものなんです。

ここで話を一転させて、別の面から食をめぐる世界について、見方を広げてみましょう。人間の社会が自然とのかかわりを深めてきたなかに、人間が腸内の微生物のような働きをしている分野があるのです。それは農業です。

――どういうこと？

どうして農業が腸内細菌と似ているのか。次の章ではそこから話をはじめましょう。

第2章

農業と人間の関係って?

――農業が植物の根っこや腸内の細菌みたいって、どういうこと？

草地や原野などの自然と人間との間をつなぐ領域として、農耕や牧畜（農業）がある、ということです。

植物の根でも動物の腸でも、微生物のエサとなるものを分泌するなど、微生物にいてもらえるようにして、棲みついた微生物の働きによって養分を吸収しやすくしています。微生物を外界との仲介役として共生関係を築いて生きているのです。

――うん、そうだったね。

農耕では、大地に働きかけ、土を耕して雑草を取り除いたり、作物が土のなかの養分をより多く吸収できるよう肥料分をおぎなう土づくりをしたり、季節に応じた種まきや手入れをしたり、水をひいてくるなど、作物が育ちやすい環境を整えます。太陽の光やその土地の気候など自然の力を土台にしつつも、自然に手を加えることでより多くのよりおいしい作物を安定して収穫できるようにしています。

牧畜では家畜動物にエサを与えて飼いならし、肉を手に入れられるようにするとともに、動物の乳を得ることも可能にしてきました。

栽培されている米や小麦などの穀物、野菜や果物などの作物は、野生のものとちがって食べられるところが多くて栄養価も高く、災害や天候不順などによって収穫量が増減することはあるものの、計画的に手に入れることができます。家畜を飼っていると、野生の動物を狩ってこなくても安全に、安定して、よりおいしい肉と乳を得ることができます。

農業は、手つかずの自然に人間が手を加え、自然の恵みを上手に引き出す働きをしているのです。人間が食べもの＝命の糧《かて》を大地（自然）からよりよくくみとる行為であり、人間と自然の間を巧みにとり結んでいる仲介役です。つまり、植物の根のまわりや動物の腸の中にいる微生物と同じような働きをしているというわけです。

――人間が農業の営みを通して自然とつながり、そこから食料を得ている様子と、根や腸で、微生物の働きで栄養分を消化吸収しやすくしてもらっていることが似てるってことだね。

はい。こうして考えると、微生物や農業の働きによって、私たちは生かされている、微生物や農業を仲介役として自然と人間は共生している、というふうに理解できるのです。牧畜についてつけ加えると、広大な草原や荒れ地などで、人間が消化できない草を家畜の助けをかりて、食べられるようにしているという面があります。飼いならした牛や羊や山羊《やぎ》などに地面一面に生えている草を食べさせて、乳や肉という食料が得られるほか、皮や毛も利用できます。

家畜は英語ではライブストック（livestock）と言いますが、言葉のとおり、生きている（ライブ）備蓄（ストック）なのです。日常的に利用するとともに、もともとはいろんなときのためにとっておく大切な生きた蓄《たくわ》えでした。お祭りのときに食べたり、飢饉《ききん》やいざ戦争となると、家畜は備蓄食料として特別に重要な食料でした。

――食べられない草を動物に食べてもらって、食べものにする発想ってスゴイね。

そうですね。手つかずのまったくの自然から十分な食べものを得ていくのは大変です。知恵を絞って予測できない不確定な自然にうまく働きかけ、自然の恵みを上手に引きだす手段として、私たちは農業を発展させてきたのです。

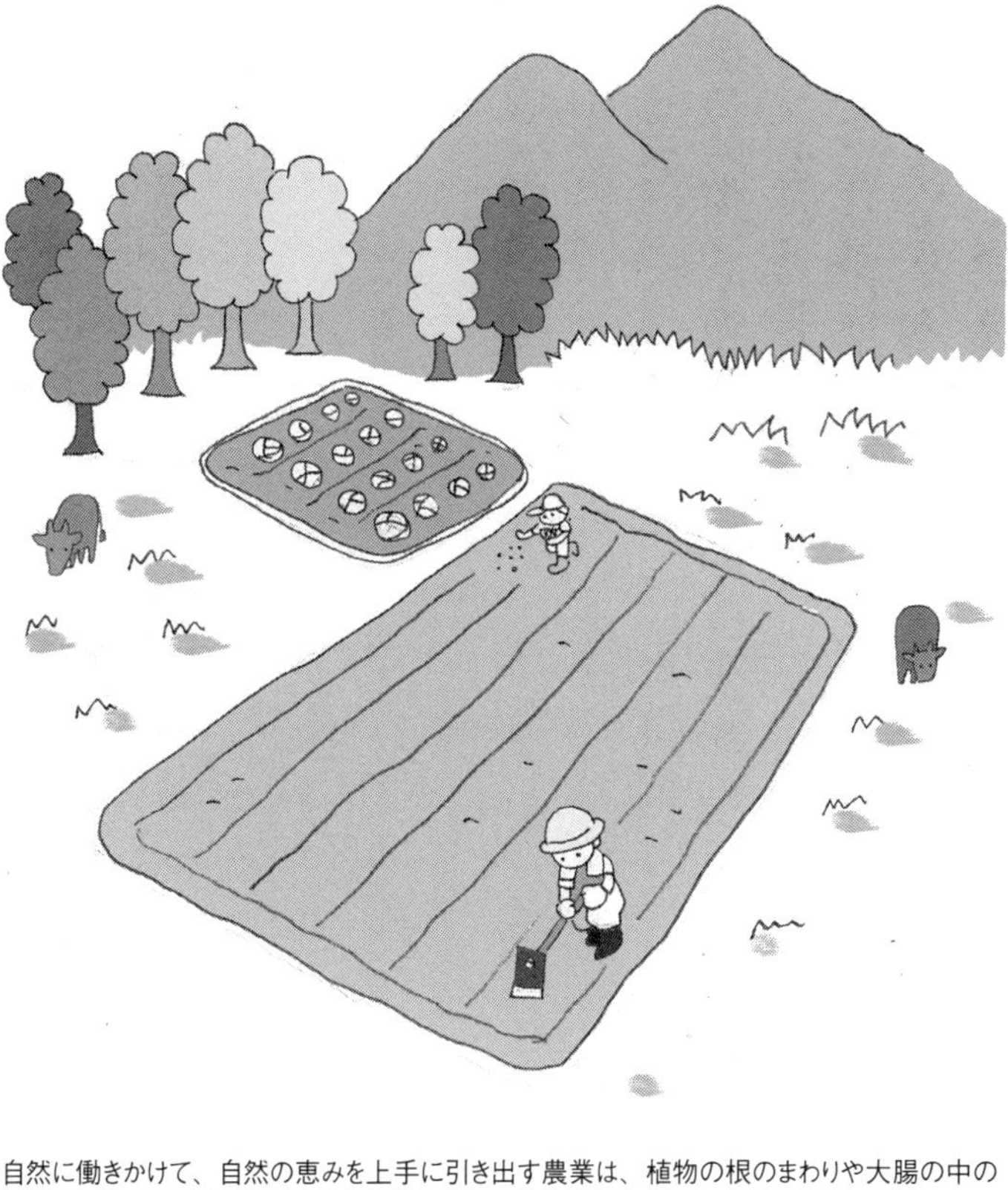

自然に働きかけて、自然の恵みを上手に引き出す農業は、植物の根のまわりや大腸の中の微生物と同じような働きをして、自然と人間との共生圏をつくっている。

さて、農業という、食料生産の方法を手に入れたことは、人間の歴史に決定的な変化をもたらしました。農業の力で食べものをより多く得て、余った食料を蓄《たくわ》える余裕もうまれたことで、安定した暮らしができ、そこに文化が生まれたのです。農業は、英語でアグリカルチャー（agriculture）と表現されます。元の意味は「agri＝畑」「culture＝耕す」ですが「カルチャー」は「文化」という意味にもなりました。農業と文化が深く関係していることの現れでしょう。「衣食足《た》りて礼節《れいせつ》を知る」ということわざがありますが、文化は余裕ができてこそ育《はぐく》まれたのです。

ところが、農業の力を手にした私たち人間は不安定な暮らしを安定させたものの、世界の歴史を見渡してみると、みんなが幸せになったというわけではありませんでした。

余剰《よじょう》食料が確保されて、みんなで分かち合うことにとどまれば良かったのですが、そうならずに、食料を蓄えておけるようになったことで生まれた富の取り合いや、独り占めが生じました。仲間同士では何とか折り合いをつけても、他の集団との奪い合いなど、集団同士の争いがおき、それを取りまとめる王のような権力者が現れたりして、複雑な社会ができてきたのです。

こうして、いまにつながる人間の社会のあり方が始まりました。余剰食料を土台にして、人間がたくさん住むことができる町や都市ができ、市場や商人が生まれました。

生きる基盤を安定させるために人間が発展させてきたのが農業

――それじゃ、今の社会のはじまりに農業があるの？

そうです。現在の都市文明にいたる歴史の源《みなもと》には、農業を始めたことが深くかかわっています。

農業のもととなる農耕の起源については、およそ1万年くらい前に、地球上のいくつかの地域でそれぞれ独自に、植物の栽培や動物の家畜化が行われてきたと考えられています。自然とうまくつきあって作物や家畜を育てる農業は、栽培する植物（作物）や飼育する動物（家畜）を選んだり、道具を使い分けたり、作物に適した土づくりをしたり……と、季節ごとにさまざまな知恵と技術が必要です。

生きる基盤を安定させるために人間が食料生産の体系として発展させてきたのが農業というシステムなのです。

さらに、生産された食料の料理法や加工や保存方法など、農耕を中心とする多様な知恵がつながりあって成長、発展し、各地で複合的な文化が成立、展開してきたと考えられています。

たとえば、タロイモやサトウキビ、バナナなどを中心に発展した熱帯アジアの根菜（イモ）文化、ササゲやヒエなどを中心に発展したアフリカ、サバンナの豆・雑穀文化、小麦や大麦などを中心にしたメソポタミアの麦文化、ジャガイモ、カボチャ、トウモロコシなどを中心にしたアメリカ大陸の文化、アジア起源とされる米文化（中国古代・長江文明を含む）などがあります。

これらのさまざまな文化は、それぞれの気候風土や作物にあわせた農業を土台にして、食が深く結びついた文化をつくりあげていったと考えられています。

そして、このようなさまざまに花開いた文化は、おたがいに交流するなかで、対立したり、融合してより大きな文化を形成してきました。また宗教や言語や慣習などの諸文化も寄り集まり、交じり合って大きな集合体としてまとまっていき、時代を超えて古代文明の形成につながったと考えられています。いずれにしても初期の文化の発展過程では農業が大きな力を発揮していたのです。

たとえば、日本の例では、狩猟と採集を中心に食料を得ていた縄文文化から弥生文化への移行過程に、水田稲作技術のはたした役割があげられます。約1万年近く続いたとされる縄文時代では、人びとは木の実やキノコなどを採ったり、シカやイノシシなどを狩り、サケなどの魚、シジミやアサリなどの貝をとって食べていました。木の実の採取や狩りや漁のしやすい場所を求めて移動し、気に入った場所で竪穴《たてあな》式住居の集落をつくり、その集団の大きさは数家族程度から大きくても数百人規模だったと考えられています。

そこへ、水田稲作という農業技術が大陸からもたらされて、人びとが田んぼや水路をつくって定住集落が広がるのが弥生時代です。そこでは、農耕用具や金属器などが改良され、ネズミなどの被害を防いでたくさんの収穫物を貯蔵するための高床式《たかゆか》倉庫などもつくられました。集団の規模も拡大してムラ（村）ができ、より大きな集団（クニ）も生まれてきます。

そして武器もつくられて、いわゆる戦争もおきるようになりました。弥生時代の遺跡からは、縄文時代の遺跡にはなかった傷ついた人骨が一ヵ所から大量に発見されています。敵の侵入を防ぐため、ムラ単位で柵《さく》をはり巡らせたり、住居の周りに堀を巡らせる環濠《かんごう》集落と呼ばれるような生活様式が出現したこともわかっています。

――すごい変わりようだね。

はい。ただし水田稲作の普及は、ため池や河川の改修、水路の整備などの広がりにともなってゆっくりと進みました。日本列島は7割近くを山地の森林が占めますので、水田とともに畑作としての麦、アワ、ヒエ、蕎麦《そば》などの雑穀《ざっこく》も、とくに山間部では長く重要な食料源でした。

作物を育てるには水と栄養分が不可欠ですが、水田の場合は山や川から引いてくる水にわずかながら栄養素が含まれていて、それがつねに供給されるので、よほどの天候不順がないかぎり安定した量が収穫できます。そのために、お米は他の雑穀とは別格の扱いをされてきました。村々では、水田に引く水を上手に配分することがとても大切で、水不足のときには水の取り合い（水争い）で死者が出たほどです。そこで、争いの仲裁役として政治的な力（権力）をもった統治者が活躍できたというわけです。

――なるほど。たんに余分な食べものから富が生まれたということだけじゃないんだね。

そうです。こうして水田稲作を中心にした日本の文化が形成されてきたと考えられます。江戸時代には、お米の石高《こくだか》（収量）で藩の実力がはかられましたし、租税もお米で徴収されるなど、経済の中心的な位置におかれました。お米に関しては、特別の思いが長い歴史の中で継承されてきたといってよいでしょう。先にもふれましたが、ご仏前や神棚へのお供えにはごはんやお米が欠かせませんね。こうしたお供えの様子にも、先祖代々、長年に

水田稲作を中心にした日本の文化では
お米は特別なものとして受けつがれてきた

わたって引き継がれてきた人びとの歴史的な姿が映し出されているのです。

農業はたんなる生産技術というだけでなく、余った食料の利用や管理、分配の方法のための社会的な組織の発展ももたらしたのです。そして、その後の歴史はあなたが社会科で学習してきたように現在にいたります。

――農業の影響って大きいんだね。

はい。古代に限らず、農業は人間の歴史に大きくかかわってきました。日本の例をいったん離れて、現代につながる歴史の動きをより大きな視点でみると、古代から中世にかけて、アフリカ大陸とユーラシア大陸では、北アフリカからアジアまで広範囲にわたって各地の文化が交流し、互いに影響を与えあいながら発展をとげてきました。一方、大西洋と太平洋という大きな海を隔てた南北アメリカ大陸ではまったく独自の文化や文明（マヤ、アステカなど）が発展しました。

そこでの農耕にまつわる激動の歴史を紹介しましょう。

中世の後、世界はそれまでの地域的なつながりから、より大きなつながりを持つようになります。15世紀の「大航海時代」を迎えて、ヨーロッパの影響力がどんどん大きくなる流れの中で、世界は一体化に向かってきました。その時代をひらいた一大事が〝新世界〟アメリカ（アメリカ大陸）と〝旧世界〟ヨーロッパとの出会いでした（ここでの「新」・「旧」という言葉はヨーロッパ側からの見方です）。

アメリカ大陸にとって、それは人びとや生態系にとってたいへん悲惨な結果をもたらしました。世界的ベストセラーになった『銃・病原菌・鉄　1万3000年にわたる人類史の謎《なぞ》』（草思社、倉骨彰訳、2000年）という興味深い本で、ジャレド・ダイアモンドさんが詳しく紹介していますが、直接的な戦闘での死者よりも、多くの人がヨーロッパ人がもちこんだ疫病《えきびょう》によって命を落とし、先住民の人口は20分の1にまで激減したというのです。

――信じられない。どうしてそんなことになったの？

ひとつには家畜の影響があげられます。人間は家畜との長年にわたる交流の中で、家畜に由来する病原菌にたいして免疫を身につけて簡単には病気にならないようになります。いわば、家畜と一緒に目に見えない病原菌も飼いならすようなものです。家畜が持つ病原菌に対して免疫ができることで、さらなる共生段階に進むと考えられています。

家畜ではありませんが、動物と関係する伝染病では、ネズミなどから伝染するペスト菌による黒死病《こくし》の流行で、過去には大量死が何度もおきました。今日でも鳥インフルエンザが発生すると人への感染、流行が心配されていますが、家畜との共生の中にはリスクも隠れているのです。

ヨーロッパがアメリカ大陸を〝発見〟した当時、ヨーロッパやアジアでは牛、豚、羊、山羊《やぎ》、馬などの家畜や家畜化した鳥を飼っていましたが、アメリカ大陸には1種（リャマとアルパカ）しかいませんでした。ヨーロッパから多くの人が新大陸に入ってきたことで、インフルエンザや麻疹《はしか》など家畜を飼う生活のなかで人間もかかるようになった伝染病が持ちこまれ、先住民は免疫を持っていないため、病原菌が猛威をふるったのです。

一方、〝旧世界〟の各地にはアメリカ大陸で栽培されてきた珍《めずら》しい作物が急速に伝わり、食料生産システムはとても多様に、豊かになりました。

当時のヨーロッパの主要な作物は、数種類の麦、豆、野菜、果樹などでしたが、新大陸で栽培されていたトマトやトウモロコシ、イモ類がもたらされました。ジャーマンポテトで知られるジャガイモ、イタリア料理に欠かせないトマトも、この〝出会い〟から、伝わったものです。

――じゃ、それまでイタリア料理にトマトは使われてなかったの？

そうです。ジャガイモに比べてカロリーがほとんどないトマトは、アメリカ大陸から持ちかえられた当初は観賞用でした。酸味を活かして調味料やソースとして最初に利用したのがイタリア人でした。ヨーロッパの植物学者がトマトにつけた名前は「リコペルシコン＝狼《おおかみ》の桃」でしたが、イタリア人は「ポモドーロ＝黄金の実・金のリンゴ」と呼んで普及させたのです。

当時アメリカ大陸から伝わった作物には、ほかにトウガラシ（唐辛子）、カボチャ、サツマイモなどもあります。ジャガイモはアイルランドでも主食になり、トウモロコシはアフリカで主食になりました。トウガラシは地中海から東アジアまで広く使われるようになりました。韓国のキムチにはトウガラシが欠かせませんが、中南米の原産なのです。アメリカ大陸原産の作物はユーラシア大陸経由でのちに日本にもたくさん伝わりました。

——反対にアメリカ大陸に伝わった作物もあるの？

あります。小麦やキャベツなど、ユーラシア大陸からもたらされた作物が定着しています。今日では伝統的なメキシコ料理も、ヨーロッパやアラブ原産の牛（肉）や豚（肉）、

15世紀の「大航海時代」以後、アメリカ大陸原産のトマト、ジャガイモ、サツマイモ、カボチャ、トウモロコシ、トウガラシなどがユーラシア大陸、アフリカ大陸に広まり、ヨーロッパ原産の小麦、ニンニク、タマネギ、キャベツ、牛、豚などが、また、アフリカ大陸原産のコーヒー豆やインド原産のコショウがアメリカ大陸にも広まり、それぞれの地域の食文化に取り入れられていった。

タマネギやニンニクなどが欠かせません。

大航海時代の後もヨーロッパの国々の侵出にともなって、作物や食材の世界的な交流が進みました。エチオピア原産のコーヒーやインド原産のコショウ（胡椒）などもブラジルで広範囲に栽培されています。それぞれの地域で栽培されてきた作物や食材は、急速に世界各地に普及していきました。

――キャベツやタマネギ、ニンニクも、トマトやサツマイモ、カボチャも日本では普通の野菜だけど、そんな歴史があったんだね。

はい。世界的な交流が進むにつれて、地球上の各地に広まった作物は、それぞれの土地特有の食文化に組み込まれてきたのです。

――そう考えると食文化ってすごいね。

はい。人や情報の移動がさかんになった今日でも、世界中のさまざまな地域で、新しく入ってきた作物を使いこなし、それぞれの独自の食文化を持っています。日本も19世紀以降ヨーロッパ化が進み、さらに戦後の高度成長期以降、グローバリゼーションの波を受けながら食生活も急速に変遷を遂げてきました（それについては第3章でお話しします）が、大きく変化しながらも、今でも米を主食として、魚、大豆を主要なタンパク源にして、発酵調味料をよく使い、天日干し（乾燥）や蒸すという技法を持ち、箸《はし》と椀《わん》で食事するなど、東アジア圏の食文化としての特徴を保っています。

次の章では、食生活に焦点をあてて、地球とのかかわりにかんして掘りさげてみていくことにします。まずは、今私たちはどんなものを食べているのか、具体的に見ていくところから始めましょう。

第3章

私たちはどんなものを食べてるの？

1 食べものはどこからきてるの？

——どんなものを食べてるかって、どういう意味？

第1章で食べものはすべて命あるものだったという話をしました。ここでは給食のメニューを例にして、それぞれの食材を、最初に生産されたところまでさかのぼってみましょう。私たちが毎日食べている食材は、どこから、どのようにして、どれだけの距離を運ばれて来ているのでしょうか。

じっさいの給食はもっとたくさんの食材が使われていますが、簡単にしてあります。

◎ある日の給食

ごはん

生姜《しょうが》焼き（豚肉、生姜《しょうが》、醬油《しょうゆ》、みりん、付け合せ：キャベツ、トマト）
カボチャの煮物（カボチャ、昆布《こんぶ》、醬油、みりん）
味噌汁《みそしる》（味噌、煮干し、豆腐、ワカメ、ネギ）
牛乳

ごはんとなるお米は、スーパーやお米屋さんで白米として売られていますね。その前は問屋さん（卸《おろし》売業者）→JA（農協）→農家さん、と最初の生産者、つまり大地の恵みを食べものとして収穫してくれた人に行きつきます。お米は国内のどこかの田んぼに行きつく、とも言えます。

農家で収穫された籾《もみ》つきのお米は、たいていは地域のライスセンターという施設に運ばれて、大型機械で籾をとりのぞき玄米《げんまい》にします。玄米を精米して白米にしたものが、袋づめされて売られます。給食のお米は、ほぼ１００％が国産です。

豚肉は、お店ではスライスしたものが売られています。スライスされたりミンチになっているお肉を「精肉」と言います。小売りのお店は仲卸《なかおろし》と呼ばれる業者から精肉を買います。仲卸業者は食肉市場で豚（以下、牛でも同じです）の枝肉《えだにく》を買い付け、精肉にします。

枝肉になる前は生きた豚でした。生きた豚は食肉市場に併設されている「と場」で、と

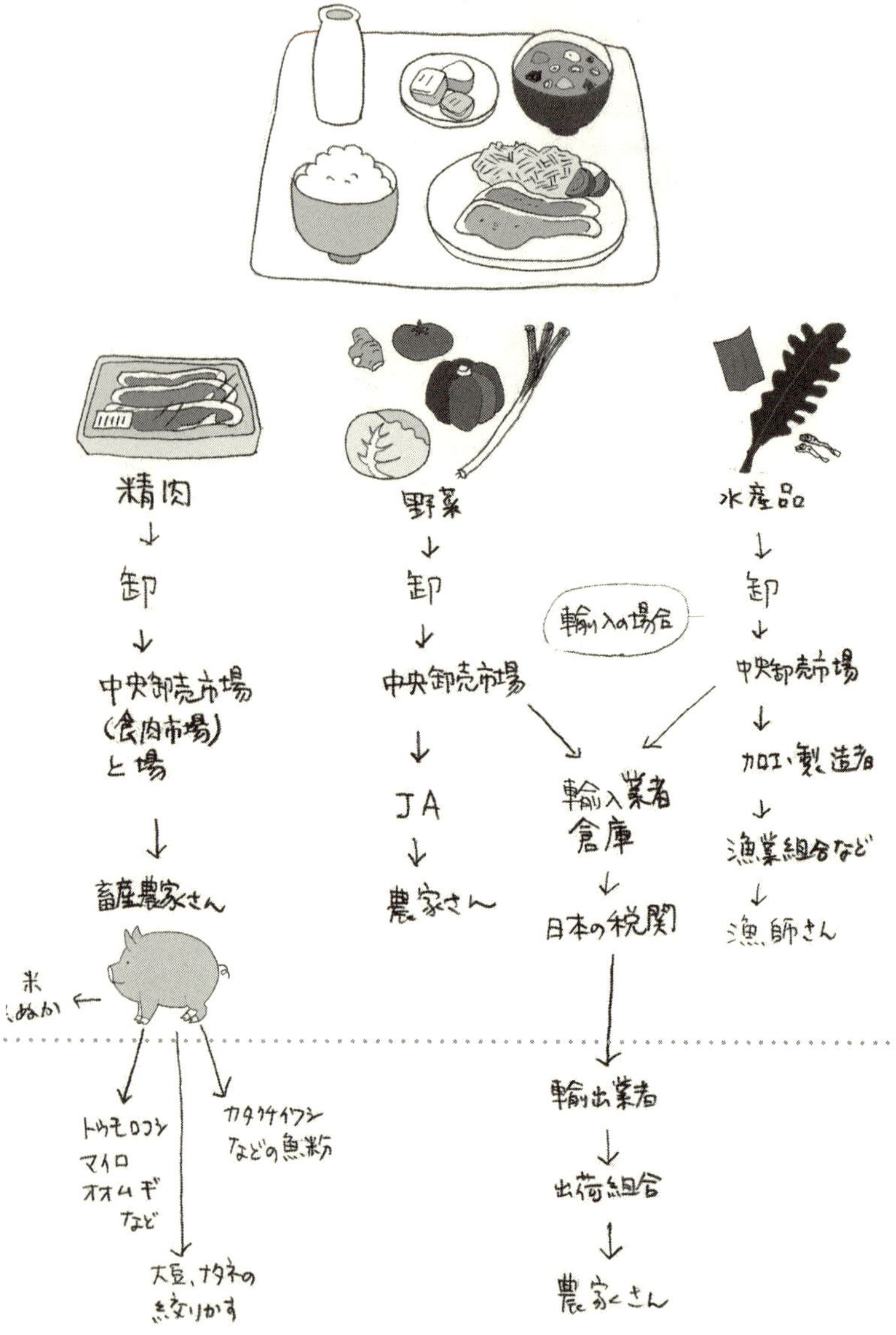
精肉
卸
中央卸売市場
(食肉市場)
と場
畜産農家さん
米
ぬか
トウモロコシ
マイロ
オオムギ
など
大豆、ナタネの
絞りかす
カタクチイワシ
などの魚粉
野菜
卸
中央卸売市場
JA
農家さん
輸入の場合
輸入業者
倉庫
日本の税関
輸出業者
出荷組合
農家さん
水産品
卸
中央卸売市場
加工・製造者
漁業組合など
漁師さん

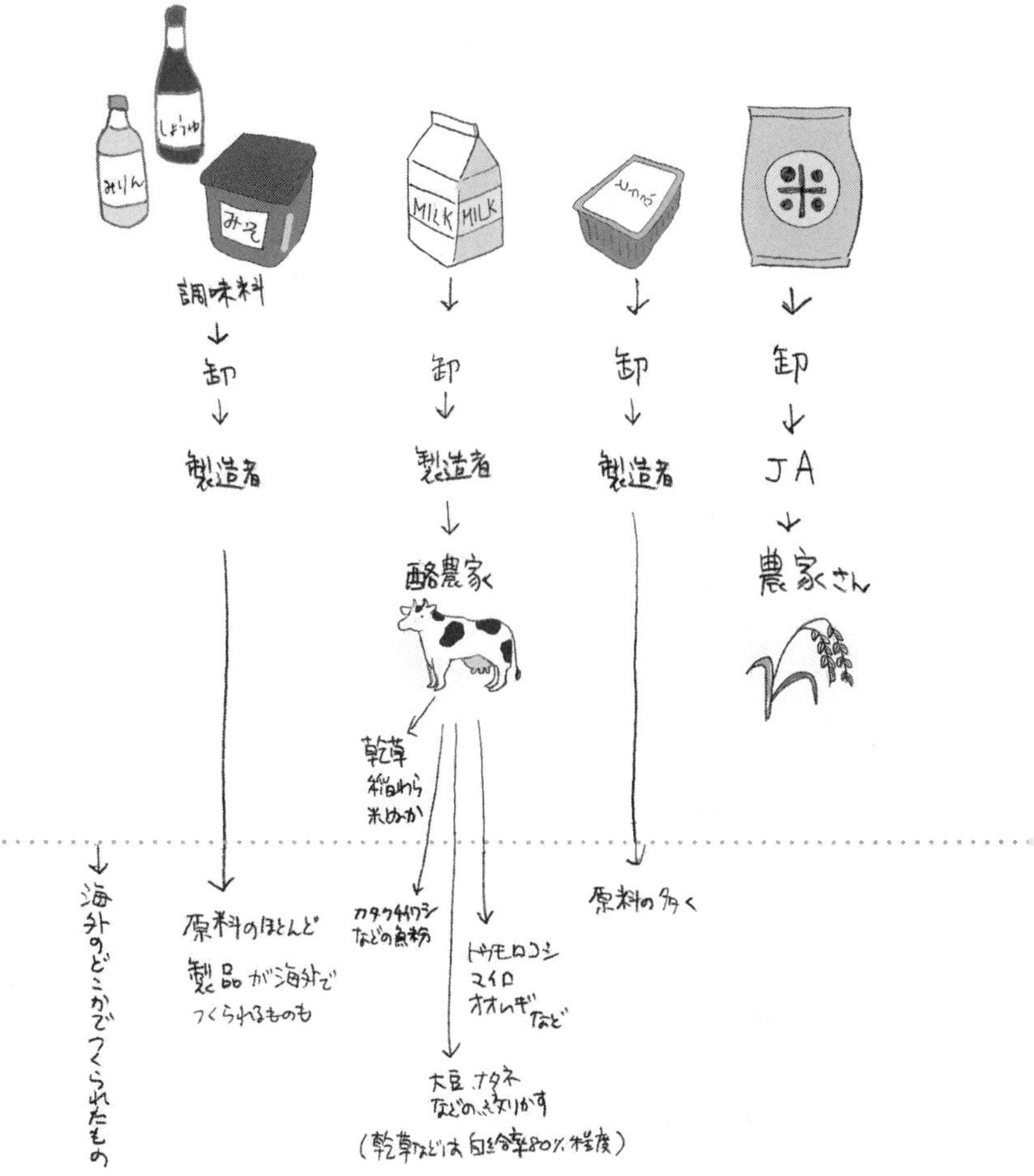

しょうゆ
みりん
みそ
調味料
↓
卸
↓
製造者
原料のほとんど
製品が海外でつくられるものも
MILK MILK
↓
卸
↓
製造者
↓
酪農家
乾草
稲わら
米ぬか
カタクチイワシなどの魚粉
トウモロコシ
マイロ
オオムギなど
大豆、ナタネなどのしぼりかす
(乾草などは自給率80%程度)
↓
卸
↓
製造者
原料の多く
↓
卸
↓
JA
↓
農家さん
↓
海外のどこかでつくられたもの

畜解体され枝肉になります。その工程を簡単に紹介しておきましょう。

豚と牛で少しちがいますが、いずれも、生きたまま運ばれてきた豚や牛を獣医師が1頭ずつ検査して異常がないか調べます。その後気絶させて血を抜き、頭と4本の脚の先を切断し、内臓を取り出し、皮むきの工程を経て、背骨に沿って切断します。こうして枝肉になります。牛の場合は牛海綿状脳症《うしかいめんじょうのうしょう》（BSE）対策の工程が入ります。

全国にはと場が100ヵ所以上あります。東京の品川駅のすぐそばにある芝浦と場では、1日におよそ600頭の牛、1200頭の豚が運ばれてと畜解体（食肉処理）されているそうです。

――それだけ毎日牛や豚が殺されてるってこと？

そうです。植物とちがって牛や豚は人間と同じ哺乳類なので殺すことに心理的な抵抗を感じるのも当然ですが、お肉を食べるにはぜったいに必要なことです。とても専門的な技術と設備が必要です。日本全国では年間およそ100万頭の牛、1500万頭の豚がと畜解体され「お肉」として市場に出ています。

また、牛肉はおよそ6～7割がおもにオーストラリアとアメリカから、豚肉はおよそ5

割がおもにアメリカ、カナダ、デンマークなどから輸入されています。

元にもどりましょう。

生きた豚は日本のどこかの畜産農家さんのところで育てられたものです。

エサはトウモロコシやマイロ（コウリャン）、大麦、米などの穀類や大豆油かすやナタネ油かす（大豆やナタネから食用油を絞ったあとのもの）、米ぬかや魚粉などを配合した飼料を食べさせています。

米以外の穀物はアメリカやカナダ、オーストラリアなどから輸入しています。大豆やナタネもほとんどをアメリカ、ブラジル、カナダ、中国から輸入しています。米ぬかは玄米を精米するときに出るものなので国内産です。魚粉は南米のペルーやチリで獲れたカタクチイワシやアジやサバなどを煮て水と脂を取り除いて粉にしたものです。

畜産農家は飼料会社から飼料を買います。飼料会社は商社が世界で買い付けた原料から豚用、牛用（乳用、肉用）、ニワトリ用（採卵用、肉用）と用途に応じた飼料をつくっています。


――豚肉は国産でもエサは輸入してるんだね。

そうですね。日本で育った豚でも、遠い外国で栽培された穀物や、遠い海で獲れた魚を食べていますから、そこまでさかのぼると、さまざまな地域にまで行きつきます。

生姜、キャベツ、トマト、カボチャは国産の場合は、一般的には、お店↓卸売業者↓JA（農協）↓農家さんという比較的シンプルな経路をたどれます。場所にもよりますが、生《なま》の野菜は1〜2日程度で畑から食卓に並びます。国産の生鮮食品の場合は、だいたい同じような経路です。

ただし、すべてが国産というわけではなく、キャベツやトマトはほぼ国産ですが、生姜は8割以上がおもに中国から来ます。カボチャは5割強がおもにニュージーランドやメキシコから輸入されています。

輸入の場合は、お店↓卸売市場↓輸入業者の倉庫↓日本の税関↓輸出国の輸出業者↓出荷組織↓生産者（農家さん）という経路で最初の生産者まで行きつきます。あなたが食べるこうした野菜は外国のどこかの土地で育ったということで、それをつくった人が外国のどこかにいるということです。生鮮輸入食品の場合、だいたい同じような経路です。

——生の野菜もけっこう輸入されてるんだね。

私が食べる野菜を
外国のどこかで育てた人がいる

はい。収穫してから日持ちしない生鮮野菜は鮮度が大切ですからほぼ国内産ですが、ある程度保存できるものは、野菜のほか果実なども海外から船で多く運ばれてきます。季節によりアスパラガスやオクラなど価格が高く軽いものは空輸されてくるものもあります。スーパーで産地表示に注意してみると、南太平洋の島、トンガ産のカボチャとか、タイ産の空輸されたオクラも、よく見かけます。

出汁《だし》をとる昆布は、お店→卸売業者→加工業者→漁業組合など→生産者（漁師さん）となります。漁師さんが海から採ってきた昆布を乾燥させて出荷し、加工業者が出汁用、食用などさまざまな用途の商品に仕上げます。現在はほぼすべて国産です。ほとんどが北海道の海で採れたものですが、東北の海で採れたものもあります。

醤油《しょうゆ》は、お店→卸売業者→製造会社とシンプルにさかのぼれますが、原料をさかのぼるのは少し面倒です。醤油の原料は大豆、小麦、食塩、麹菌《こうじきん》です。現在流通している多くの醤油の場合、大豆はほとんどが輸入され（9割以上）、小麦も同様でおもにアメリカ、カナダ、オーストラリアから輸入されています。

食塩は家庭用塩と業務用塩がありますが、それらの原料となる塩は9割近くが輸入されたものです。おもにメキシコやオーストラリアなどから輸入されています。

原材料を発酵させる麹菌は、その土地のものですから国産ですね。

みりんは、もち米、米麹、焼酎《しょうちゅう》やアルコールを原料に熟成させてつくりますが、現在は多くが原料のもち米が中国などから輸入されているほか、ベトナムでつくられたみりんも輸入されています。

――ベトナムでもみりんを使うの？

いいえ。みりんは日本独特の調味料ですが、安い原材料と労賃で製造される海外生産品が増えているのです。さらに最近は格安のみりん風調味料も出回っています。ラベルには原材料名は、「水あめ（とうもろこし）」と記載され、「遺伝子組み換えとうもろこしが含まれている可能性があります」と表示されていることもあります。遺伝子組み換えについては後でふれることにします。

次に味噌汁ですね。

味噌は第1章でみたように、大豆と米麹と塩でつくります。ラベルに「国産」と書かれているもの以外は原料の大豆は輸入されたものです。

豆腐の原料も大豆です。砕いた大豆を煮て絞った豆乳（絞ったのこりは「おから」です）をにがり（塩化マグネシウム）という添加物で固めたものです。多くが輸入大豆からつくられています。

出汁をとる煮干しはカタクチイワシなどの稚魚《ちぎょ》を煮て干したものです。お店↓卸売業者↓加工業者↓漁師さんという経路です。多くが日本国内で生産されています。

ちなみに和食の出汁として、おもに使われる昆布、煮干し、かつおぶしのうち、かつおぶしは現在では30%ちかくが中国やアジア地域から輸入されています。みりんと同じように日本向けにつくられているのです。

ワカメは、海から採ってきた海草をゆでてつくります。現在では80%程度が中国、韓国から輸入されたものです。

ネギはおよそ1割弱がおもに中国から輸入されています。

牛乳は、パックに入って売られています。その前は牛乳工場で生乳《せいにゅう》からパック詰めで加工されます。牛乳工場には酪農家から生乳が収集されます。飲用向けの牛乳は100%国産ですが、さきほど見たように飼料の多くは輸入されています。

——日本で食べてるものって世界中から来てるんだね。中国やアジアだけじゃなくて、アメリカから輸入してるものが多いのが意外だな。

日本の食料輸入相手国の中でもアメリカの占める割合はもっとも大きく約25％、その次が中国で12％にのぼります（金額ベース、２０１２年）。アメリカはニューヨークやハリウッドなど都会のイメージが強いかもしれませんが、世界1位の食料輸出国で、広い国土に広大な農地があり、非常に大規模な農業が営まれています。

先ほどあげた野菜や穀物の自給率（国内で生産される割合）は「品目別自給率」といって、重さで計算したものです。

輸入の割合が多い農産物のうち、穀物と大豆やナタネなどの油糧種子《ゆりょうしゅし》を農地の面積に換算すると、国外の農地面積が国内の農地面積の２・4倍にもなっています。食料を輸入するということは、海外の農地を使っているということでもあります。

自給率については、「総合食料自給率」も計算されています。日本国内で消費される食料のうちどのくらいが国内で賄《まかな》われているかという数字ですが2種類あります。生きる上での基礎となる熱量として換算するのがカロリーベースの食料自給率です。これは、食料全体について品目ごとに単位をカロリーに揃《そろ》えて計算したもので、38％です（２０１６年）。肉類については、輸入飼料の分もカロリー換算で計算されます。カロリーベースでは食料消費のうち62％を国外からの輸入にたよっているわけですね。

もう一つは、生産金額ベースでみた食料自給率で、金額上では68％を自給している計算

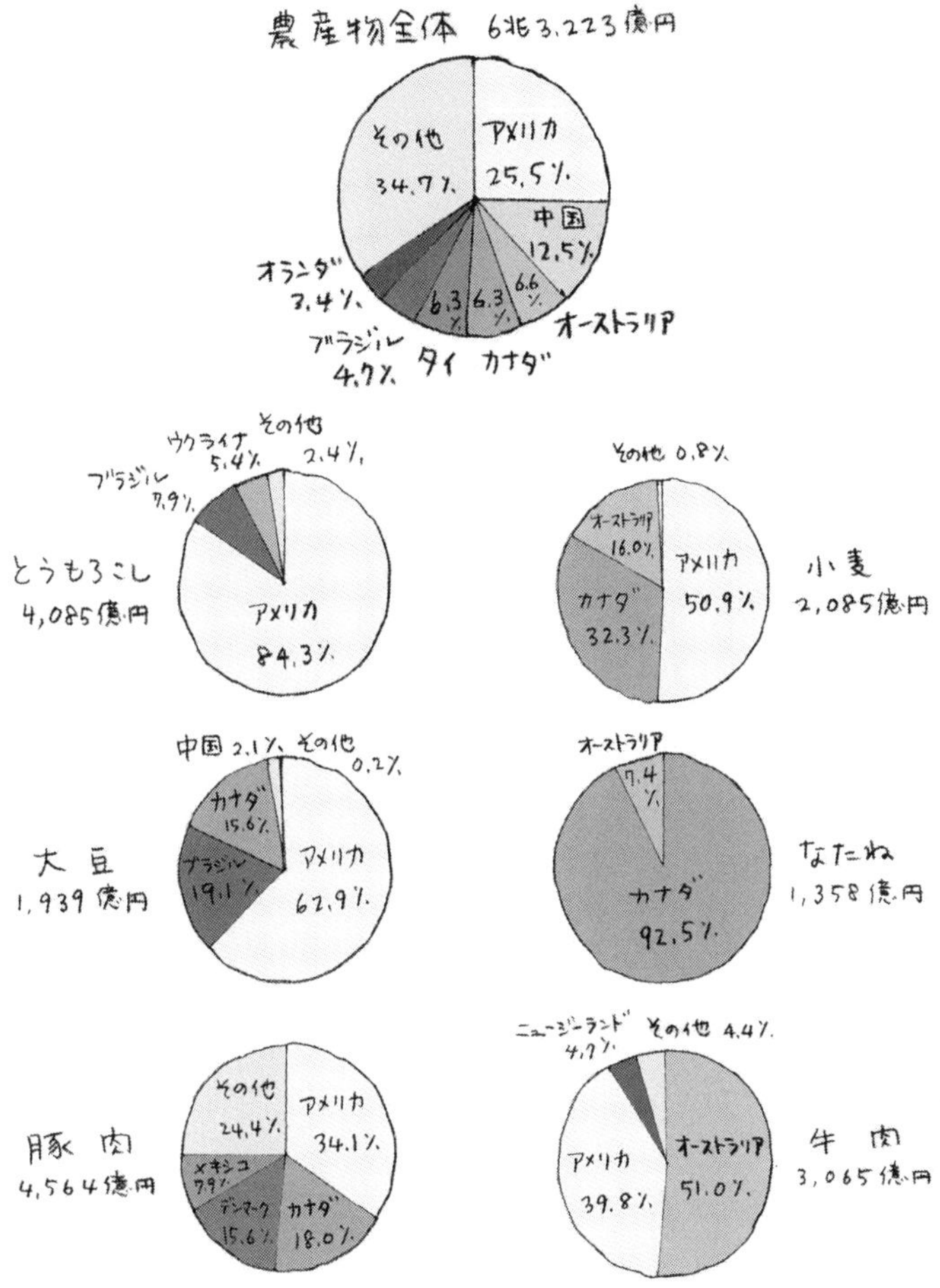

農産物の国別輸入割合（2014年） ※金額は輸入額

農林水産省資料より

になります。

——カロリーで計算するのと、金額で計算するのとで、どうしてそんなに違うの？

ふたつの違いは、左のグラフを見くらべるとわかります。大きな差が出るのが、肉類や卵（鶏卵《けいらん》）といった畜産物です。金額ベースで肉類の自給率は54％（牛肉40％、豚肉51％、鶏肉66％）ですが、カロリーベースでは9％（牛肉9％、豚肉7％、鶏肉9％）です。鶏卵の金額ベース自給率は96％ですが、カロリーベースでは13％です。国産の肉や卵として販売されていても、そのエサのほとんどが海外から輸入されたものだからです。

日本から一歩も出ていなくても、国産の肉や卵を食べ、国産の味噌や豆腐、しょうゆを食べていても、私たちは遠い外国の土地で誰かがつくった食料を食べていることが多いということです。

さきほど、私たちは国内の生産農地面積より2・4倍の面積を海外に持っていることを見ましたね。そのことを想像してみると、私たち日本に住む人間という生きものの生存する基盤が、住んでいる地域から大きくはみ出している様子がわかります。

第1章で私たちの身体は、大地・自然の循環の一部を担っているという話をしましたが、

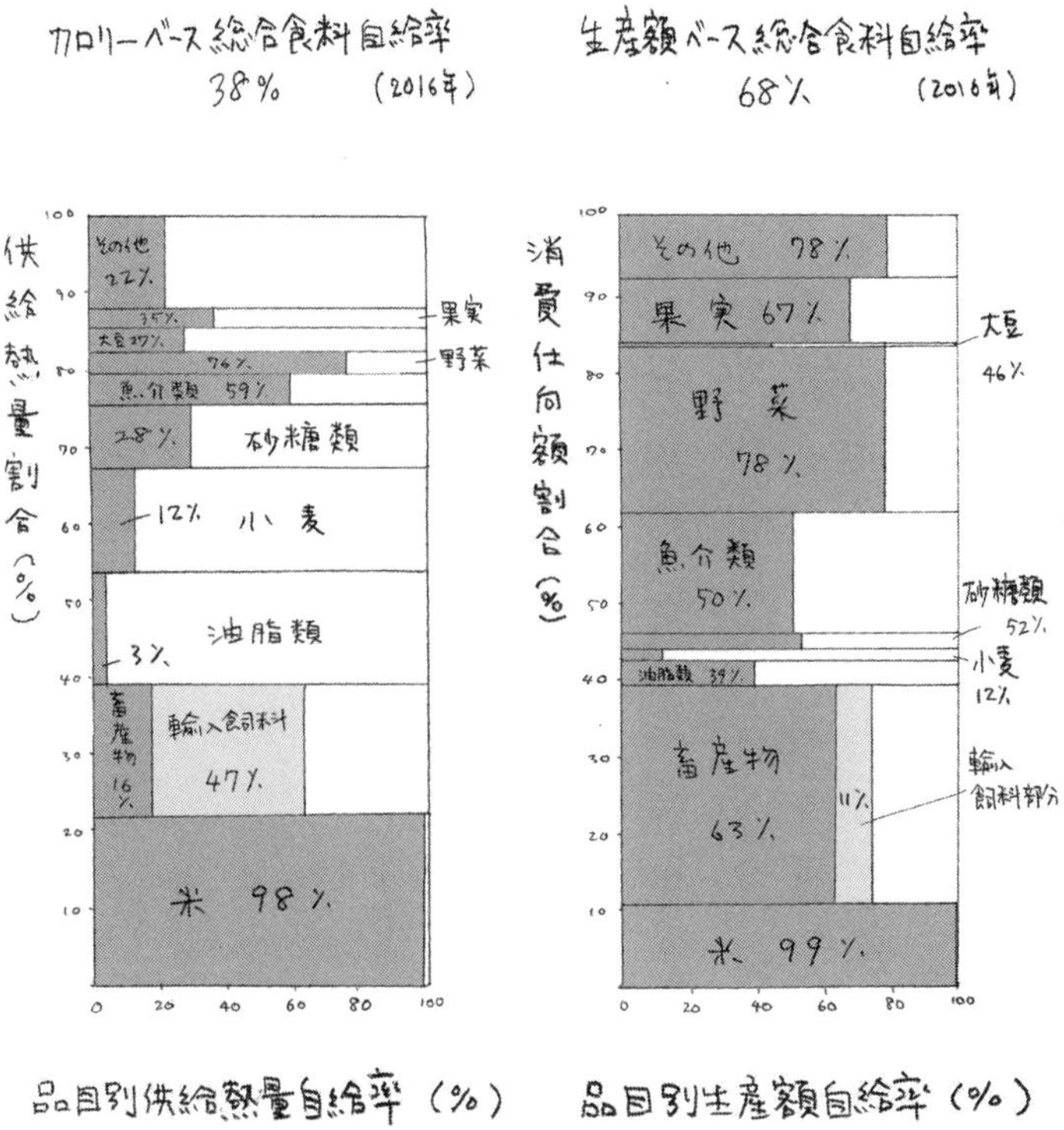
カロリーベース総合食料自給率
38%
(2016年)
供給熱量割合(%)
その他
22%
35%
果実
大豆 27%
76%
野菜
魚介類 59%
28%
砂糖類
12%
小麦
3%
油脂類
畜産物
16%
輸入飼料
47%
米 98%
品目別供給熱量自給率(%)
生産額ベース総合食料自給率
68%
(2016年)
消費仕向額割合(%)
その他 78%
果実 67%
大豆
46%
野菜
78%
魚介類
50%
砂糖類
52%
小麦
12%
油脂類 39%
畜産物
63%
11%
輸入
飼料部分
米 99%
品目別生産額自給率(%)

農林水産省資料より

生物世界では、その関係が生息する地域に限定して成り立っています。しかし、人間の場合は住んでいる地域から大きくはみ出し拡大している状態なのですね。

もう少し具体的に考えてみましょう。

たとえば、小麦粉の自給率は13％ですが、パン用では3％です。輸入小麦のほとんどは、アメリカ、カナダ、オーストラリアから輸入していますから、あなたがパンをよく食べているなら、アメリカかカナダ、オーストラリアの大地で育てられた小麦を食べている、遠いそれらの大地と深くつながっていることになります。ほかの食べものについても同じように考えると、今あなたを形づくっている分子のかなりのものが、長旅を経てあなたの一部になったものだとわかります。

たとえばカップ麺の材料は小麦、植物油脂、エビ、肉、卵、ネギ、チキンエキスやポークエキスなどですが、ほとんどが世界各地から輸入されたものです。1つ食べると遠い陸地や海でつくられた食べものを胃の中におさめることになりますね。

ほかにクッキーやビスケット、ケーキなども小麦がおもな原料ですし、ファミリーレストランやファストフードはじめ外食産業では野菜をふくめ輸入の材料が多く使われていますから、案外意識しないうちに外国で栽培されたり、つくられたりした食品を食べている

アメリカの農家の規模は日本の農家の70倍以上。その分、農作物にかかるコストはかなり低い

のです。

こうして日本全体でみれば、日本に住んでいる私たちの身体を形づくっている何割かは外国で生まれた命だったものに支えられている、ということになります。

——それだけ輸入が多いのは、外国から運んでくる方が安いからなの？

はい、まさに経済的な理由からです。アメリカは広大な耕地面積で農産物を大量生産し、海外に輸出する政策を大々的に進めてきました。日本にたいしては、日本の工業製品を輸入する代わりにアメリカの農産物を購入してほしいと、農産物の市場開放を求めてきました。アメリカの農家の平均耕地面積は約170ヘクタールで、日本の農家の平均耕地面積2・3ヘクタールの70倍以上の広さです。これだけ大きな規模で大型機械を駆使《くし》して生産するので、農産物ひとつひとつにかかるコストはかなり低くなります。

それにたいして日本の農産物は高いイメージがありますが、それは無理もありません。山間地が多く狭い耕地の日本は地代も高く、手間もかかりますから労働コスト（労賃）も高くなります。また、田んぼや畑を耕すトラクターや田植え機、収穫のためのコンバインなどの機械はそれぞれが何百万円、ときには1千万円以上もしますし、ビニールハウスも

同じくらいお金がかかります。

――そんなにお金がかかるの?

はい。しかも規模が小さいので、農産物ひとつひとつにかかるこれらの機械や資材コストも高くなるのです。こういうわけで、日本の農産物は価格面での国際競争力では負けてしまうのです。品質や鮮度、美味しさ、そして安全・安心などでなんとか消費者の信頼を得ようと努力しているのが、今の日本の農家の現状です。

――それはわかったけど、食べものの半分以上を輸入してて、もし食料を輸出してもらえなくなったらどうするの?

そうですね、今の世界は平和で安定していることを前提としていますので、生産地や途中の経路でなにも問題がなければ心配する必要はないと考えられている面があります。しかし毎日の食べものが遠くから運ばれてくるわけですから、心配しだすと気になります。農林水産省では食料自給率を上げる目標を出してきたのですが、現実は低下する傾向に歯止めがかからない状況で、近年は自給率向上の目標は影をひそめています。じっさい、国内では耕されずに放置される耕作放棄地が急増しており、2015年で42・3万ヘクタールにのぼり、耕地全体の8%、ほぼ富山県ほどの面積に達しています。

――富山県くらいの広さの農地が使われてないって、多すぎじゃない？

そうですね。経済的な効率面だけ考えれば、食料自給率が低くなるのは仕方がない面もあるのですが、よくよく考えてみるとそれで良いのか心配になります。どんなことが心配されるか、のちに詳しくみていきましょう。

じつは、食料自給率は半世紀前の1960年代には7割近くありました。それが急速に低下してきた裏になにがおきていたのでしょうか。食のあり方は第二次世界大戦後の数十年で大きく変化して今のような形になりました。どのように変化してきたのか、次にみていきましょう。

2 どうやって今の食生活になったの？

——戦後に食生活が大きく変わったの？

そうです。第2章で水田稲作の技術が入ってきたことで縄文時代から弥生時代へと大きな変化があったとお話ししましたが、その変化は数百年単位での歩みで、何世代かにわたる時間をともなったと考えられます。その後も江戸時代までの長い歴史の中で、食生活の変化はゆっくりとしたペースで進んできました。

明治時代になってたいへん大きく変化した食生活ですが、そこから始まった西洋化という百数十年間で進んできた大きな変化の中でも、戦後から今にいたる数十年ほどの食生活の急変ぶりは驚くべきものでした。ちょうどあなたのおじいさん・おばあさんの時代、お父さん・お母さんの時代、そしてあなたにいたる3世代での変化です。数十年どころか、数年単位でどんどん変化していきました。順を追ってお話ししましょう。

ここで、用語の使い方について説明しておきます。「食」という言葉は食生活をふくんだ広い概念《がいねん》として使い、同じように「農」という言葉も農業にとどまらない営みとして使うことにします。また、「食料」は一般的な食べ物、「食糧」は穀物などの基礎的な食べ物をさします。

1945年の敗戦当時、日本は飢えていました。戦争中から食料が不足していて、国が食べものの流通を管理する食糧統制《しょくりょうとうせい》や配給制度が行われていました。国土が焼け野原となった戦後、食料不足はより深刻になりました。アメリカ進駐軍（占領軍）の統治の下、配給制度が継続されましたが、それでは足りずに、都市部では餓死《がし》者がでたり、物資の横流しや闇市《やみいち》が繁盛《はんじょう》するなど混乱状態がしばらくつづきました。

――着物とかを食べものと交換してたんだよね。

はい。人びとはなんとかして飢えをしのごうとしていました。

その後1950年ごろまでは食糧難、食糧不足がつづき、不足する食糧をまかなうために食糧の増産が叫ばれました。人々は、わずかな土地も耕して、サツマイモやカボチャなどを植え、野草（セリ、ヨモギ、ノビル、オオバコ、葛《くず》やカタクリや彼岸花《ひがんばな》の根っこ等）を食べ、ドングリやトチの実など木の実も重要な食料源でした。これらの野草や木の実などは「救荒作物《きゅうこうさくもつ》」と言って飢饉《ききん》のときに飢えをしのぐのに用いたものですが、当時はまさに飢饉のような状況でした。

一方、占領政策の下で農地解放が進められ、食料増産のために肥料が重点的に生産され、北海道等の開拓が推進され、米の収量を安定・増加させる稲作技術の改善などがはかられました。全国で増収をめざす「稲作日本一」も競われました。次第に食糧生産が回復して流通する量が安定してくると、配給などの食糧統制は解かれていきました。

学校給食は戦前から部分的に実施されていましたが、戦時体制下の食糧難で中止されていました。戦後、いろいろな援助のもと、たとえばユニセフ（国連児童基金）から脱脂粉乳《だっしふんにゅう》をもちいたユニセフ給食が行われました。また、アメリカからは食糧援助という形で小麦が大量に導入され、1950年ごろから都市部の学校給食にパンとおかずと脱脂粉乳による「完全給食」が実施されるようになりました。学校給食が教育の一環として正式に位置づけられたのは、1954年になってからでした。

――今とはぜんぜん違う給食だったんだね。

©日本ユニセフ協会(2点とも)

はい。ぜひあなたのおじいさん、おばあさんの時代の学校給食はどんなだったか聞いてみてください。お父さん、お母さんにも聞いてください。コッペパンにマーガリン、脱脂粉乳のミルクなどから、食パンや揚げパンになり、魚肉ソーセージやクジラ肉のカツのメニューなど、懐《なつ》かしく思い出すことでしょう。1970年代にはやっとお米のごはんも登場します。食べものは時代を映し出す鏡みたいなものですから、関連していろいろな思い出話を聞けるとおもしろいですよ。

戦後のパン給食は、その後の若者たちの食べものの好みに大きく影響し、のちに日本に出店したハンバーガーチェーンがまたたく間に普及したことにも大いに貢献したと考えられています。今ではパン食は日本の食卓にすっかり定着していますね。

時代を進めましょう。戦争で焼け野原となり貧乏だった日本は、1955年ごろから1973年まで急速な経済成長（高度経済成長と呼びます）をとげ、「豊かな国」の仲間入りを果たしました。生活が安定してくると、人びとの食生活もお米と魚や野菜中心の食生活から、パンとバター、チーズ、肉などの畜産品やトマトやレタスなどの西洋野菜やバナナなどの輸入果物を食べる機会が増え、いわゆる食の欧米化が進んでいきました。

お肉や乳製品や果物はそのころまではあまり食べてなかったの？

はい。1960年代くらいまでの食生活は、米食中心で、味噌、しょうゆなど大豆加工品と煮物、漬物などの野菜、魚介類などでした。それが、60年代に入り劇的に変わりはじめます。

この時期のひとつの大きな特徴としては、簡単で便利な調理食品が誕生して、急速に普及したことがあります。経済が活気づいて、人びとの生活も忙しくなります。1950年代末ごろに即席《そくせき》めん（インスタントラーメン）が登場し、はじめは人気商品ではなかったのですが、60年代に入るとまたたく間に普及していきました。1970年代になると、さらに簡単、便利になったカップめんが登場したり、レトルト（完全調理済み）食品も出まわりました。即席めんはその後、海外にも普及してアジアを中心に世界各地でも広く食べられるようになっていますね。

70年代から80年代にかけては、家族や友人同士で外食するなど、食べることがイベント的になったり、おしゃれなことになってきます。レストランや喫茶店（今の「カフェ」）などの外食産業が急成長し、70年代はじめには、アメリカンスタイルのファストフード・チェーンが日本にもオープンしはじめます。70年にケンタッキー・フライドチキンの日本

1960年代にインスタントラーメンが普及し、1970年代にカップめんが登場した

1号店が開店、71年にはマクドナルドも日本に上陸、若い人たちの間に急速に定着しました。また、ファミリーレストランも70年代から全盛時代をむかえていきます。

深刻な食料不足だった敗戦直後の命をつなぐための食から、25〜30年程度で、楽しみやファッション的な食へと、食べることの意味も変化していったのです。

——たしかにすごい変化だね。

はい。たとえば、敗戦の年（1945年）生まれの人の場合だとこんな感じです。ものごころがつく5歳くらいのころは食べものが十分になくてお腹を空かせていたのが、小学校にあがるとパンと脱粉乳の給食を食べ、10歳ごろから急激に社会が豊かになりはじめると同時にインスタントラーメンが登場、ティーンエイジャーのころは家庭での食生活も西洋化しはじめ、20代なかばころには、そのころできはじめたチェーン店でハンバーガーにかぶりついて、友人や家族とファミリーレストランで食事するライフスタイルが当たり前になっている——と、子どものころには想像もつかなかったような変化を経験しています。

——おじいちゃん、おばあちゃんの世代ってすごかったんだね。

そうですね。ここまで劇的に食生活が変わった世代はほかにはないのではないでしょうか。

けれども、そこには影の側面がでてきます。栄養不足の心配がなくなった反面で、肥りすぎが心配されるようになり、71年には、国民栄養調査に「肥満度調査」の項目が加えられました。その後、食生活に関係が深いといわれる肥満、高血圧、糖尿病など生活習慣病（メタボリック・シンドロームとも呼ばれます）は増えていくことになります。

さて、1980年代に入ると、ファミリーレストラン以外にもいろいろな外食チェーンやおしゃれなレストランなどが増えて、食のレジャー化、ファッション化がより進むなか、こだわりの食を求めるグルメブームがおきたり、簡便さではなく「手づくり」や「本物」が見直されはじめます。また、量や見た目の良さではない健康志向や安全志向の「健康食品」や「自然食品」が社会的に定着していきます。そうした動きは、農業の生産分野にも影響して「無農薬」「有機栽培」と表示されたものが市場にも登場するようになりました。

以後、一方では便利で、簡単で、おしゃれな食を求める動きと、それとは対照的に不便で手間がかかる「手作り」や「本物」の食、身体にいい食を求める動きがまじりあって今日にいたります。

60年代の変化がすごかったのはどうしてなの？

それには、国のあり方、人々のくらし方の変化が深く結びついていました。

1960年ごろから、都市化と工業化による「全国総合開発」が進みます。63年に開通した名神高速道路をはじめ、高速道路や国道が整備されて、全国的な流通網が整えられます。64年には新幹線が開通して、東京オリンピックが開催されました。

また、国際的には「加工貿易立国」がめざされます。原材料を海外から調達して、加工・生産し輸出して外国の通貨でお金をかせぐことが国の政策とされたのです。国内で原料をすべて調達して自給するよりも、安く大量に手に入るものを海外から輸入して加工・生産・販売（輸出）するというのが加工貿易立国の考え方です。全国各地に新産業都市がつくられますが、その多くは港湾に恵まれた臨海地域でした。外国から石油や鉄鉱石などの資源や原材料を受け入れやすいからです。

また国は市場開放体制＝貿易自由化を推進し、工業用の原料だけでなく、木材や食料品も安く輸入できるように関税を引き下げました。それまでは食品など基礎的な品目は食料の安定的な確保や国内産業の育成の意味から、数量制限や関税をかけて輸入を制約してい

食の変化の背景には「加工貿易立国」をめざす国の政策があった

ましたが、そうした制限を取り払っていったのです。

1960年以降、大豆、生姜《しょうが》、鶏肉、バナナ、粗糖《そとう》、レモン等100種を超える農産物の輸入数量制限の撤廃《てっぱい》や関税を引き下げる輸入自由化が実施されます。その後も豚肉やナタネや配合飼料などの規制が取り払われていきました。

それによって大きく変わったのは、農村の風景や畑の様子でした。

以前は、春になるとナタネ畑に黄色い菜の花が一面に咲いて春の到来を告げていました。裏作や二毛作《にもう》といって、稲を収穫したあとの田んぼに麦や（油をとる）ナタネや大豆などが植えられていたのです。冬から春にかけて麦が実ったり、秋には、蕎麦《そば》の畑には真っ白な花が咲いていました。安いものが海外から輸入されると、コストに見合わないこれらの作物は作られなくなりました。

また、田んぼにはレンゲソウが蒔《ま》かれて、春には赤紫色の花に覆われました。マメ科の植物の根には、空気中の窒素を固定した「根粒菌《こんりゅうきん》」がつくので、そのまま鋤《す》きこんで肥料にするのですが、安い化学肥料を使うようになるとそれもなくなりました。


――季節によって、カラフルだったんだね。

はい。二毛作や裏作、マメ科作物の栽培など、自然の力を上手に引きだす知恵が活かされていたのです。

輸入自由化によって大豆や麦やナタネなど、味噌や醤油《しょうゆ》や食用油などの原料の供給元が海外に移っていきました。

1990年代になると、さらに本格的な貿易自由化の時代になります。牛肉、オレンジなどの自由化が進められ、とくにオレンジの輸入で山村のミカン畑は大きな打撃をうけました。今も国産のミカンはありますが、少なくなりました。そのかわりオレンジジュースが安く出回っていますが、それらは海外からオレンジジュースの水分を減らした濃縮オレンジを輸入して製品化したものです。ラベルに濃縮還元と表示されています。

貿易自由化の中、食品産業も、他の産業と同じように加工貿易を基礎にした工業化で発展してきました。

――食品産業の工業化って？

工業化される前は、醤油《しょうゆ》や味噌《みそ》、パンや豆腐、お菓子などの生産は、小さな生産者やお店が担い、地域の人向けに営業していました。市場開放によって安い原材料が使えるようになり、開発によって鉄道や道路などの流通網が整備されて大量輸送できる基盤が整うと、大きな工場で大量に生産して全国に出荷されるようになりました。その際、大量の製品を均質に製造し、品質を保持して見た目もよくする食品添加物が使われるようになりました。これが工業化の動きです。

工業化がすすむと、地域の小さな食品メーカーはつぶれたり大手の傘下《さんか》に吸収されました。その中で全国規模に成長していく食品メーカーも次々にでてきました。醬油《しょうゆ》メーカーや製パン会社、製菓会社など有名な企業を思いつくのではないでしょうか。

このように、社会のあり方が急速に変わっていったのが60年代〜70年代で、それにともない私たちの食生活も大きく変化したのです。

ここで、1960年の食事と今日の食事を比較してみましょう。

1960年はまだ交通網や輸送手段が整っていませんでしたし、電気冷蔵庫のある世帯は10%ほどでしたので、おもに近郊でとれる旬《しゅん》の食べものを食べていました。

それに比べて、今では遠い国や地域からでも新鮮な食材が安く運べるようになり、冷蔵庫もほとんどの家にありますから、今日の食材はずいぶん遠くから運ばれています。たとえばトーストの小麦はアメリカから、バナナはフィリピン、天丼のエビはベトナム、ステーキの牛肉はオーストラリア、アスパラガスはメキシコ、オレンジはアメリカ、といった具合です。

こうした食卓の変化と表裏一体の変化が農業にもありました。

1960年ごろをさかいに、家族で経営しているような小さな会社や商店で働く人、大工さんなどさまざまな職人さんや農家さんよりも、都市の会社に勤める勤労者(サラリーマン)が多くなります。そして、急激に増えた新しい都市住民のために、団地や「ニュータウン」と呼ばれる大規模な団地が都市近郊につくられました。

こうして巨大に膨《ふく》れ上がった大都市圏には、大量の食糧を安定して供給する必要があります。国は農作物を大量生産、大量流通させるために、農業を合理化、近代化する政策をとりました。

それまでの農家は、「お百姓《ひゃくしょう》さん」と呼ばれたように、たくさんの種類の野菜や米などを小規模に生産し、鶏などの小家畜や牛も数頭飼って、田畑の畦《あぜ》に生えた草や野菜くずや残飯などをエサとして有効活用し、家畜の糞《ふん》は肥料(たい肥)として利用していました。味噌や漬物や干し柿などの保存食も当たり前のようにつくっていました。

また、次の年に植えるために種をとり(自家採種)、竹細工のかごや稲わらや萱《かや》などで縄《なわ》やむしろなどの農具や生活の道具もつくっていました。住居の修繕や農道や水路の整備

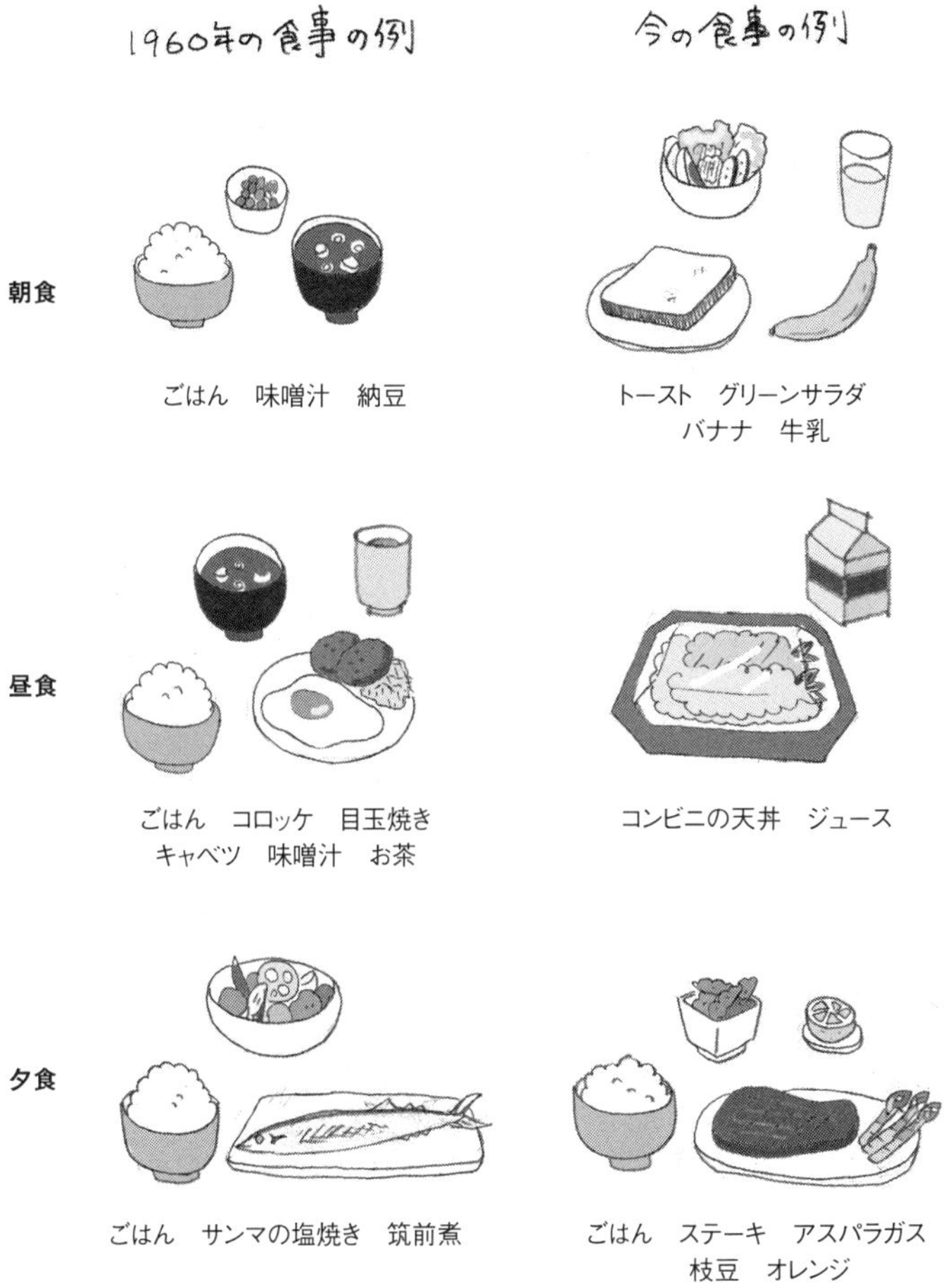

1960年の食事はほとんどが近郊でとれたものだったが、今の食事では、トーストの小麦粉、バナナ、天丼のエビ、ステーキの牛肉、アスパラガス、オレンジ、牛乳（牛の飼料）など輸入されたものが多い。

も自力で行い、山から燃料の薪《たきぎ》を調達し、炭焼きをしたり、簡単な大工仕事などさまざまな仕事をしていました。けれども、農業を近代化する政策がとられると、そうした生活様式は姿を消していきました。

自給的なくらしは効率が悪いので、国はキャベツならキャベツ、ピーマンならピーマンといった単品に特化してより多くの収穫をめざす政策を実施しました。地域の特産品をつくり、大量に生産、販売できるような農業経営を推進したのです。ちょうど都会に団地がつくられたように、農業生産地にも野菜団地や酪農団地、果樹団地ができました。現在、群馬県嬬恋《つまごい》村の高原野菜（キャベツ）、兵庫県淡路島のタマネギ、静岡県三ケ日《みっかび》町のミカン、北海道の酪農やジャガイモ生産など各地で特産の農産物があるのはこのためです。

――それが合理化、近代化なの？

はい。大量生産でコストダウンをはかる工業生産と同じで、この方法は、大きな経済効果を生みます。このとき、より効率的により多くの収穫を得るために力を発揮したのが、機械化と化学肥料や農薬の利用でした。また、同じ作物を大量につくるので、効率よく大量輸送ができます。

生産された大量の農産物を集中して売買するために、東京都の大田市場や築地市場、横浜市の横浜中央市場など全国各地の大都市に「中央卸売市場《ちゅうおうおろしうりしじょう》」がつくられました。中央卸売市場で大量の作物を荷受けし、価格を付けて、仲卸業者を経由してスーパーなどの小売店に品物が届く仕組みです。

並行して形成された全国の流通ネットワークによって、大都市圏に大量の農産物を届ける体制が整えられ、私たちは全国津々浦々からの生産品や海外からの輸入品もふくめて、多種多彩な食材を身近に簡単に手に入れられるようになったのです。

食べものに使うお金のうち、加工品と外食が増えて、生鮮品が減ってきている

さて、食生活の変化の全体像について、少しべつの視点から見てみましょう。食料品の最終消費額の変化のグラフを見てください。

一目見てわかるのは、1990年代まで食べものの消費額が増えてきたこと、生鮮品の割合があまり増えずに低下していること、それにたいし、加工品、外食は一貫して増加していることです。

今では、私たち食べる人（消費者）が食品にたいして支払うお金の割合は、1位が加工品で約半分を占めています。次が外食で3分の1近く。生鮮品は5分の1以下です。生鮮品とは加工や調理されていない、いわゆる生ものです。なかには保存がきくものもありま

すが、新鮮さが重要な農産品です。

――そういえば、スーパーでも生鮮食品の売り場ってわりと狭いかも。

そうですね。調味料やインスタント食品や冷凍食品、お菓子などの棚がいくつもあって、清涼飲料や乳製品などの冷蔵スペース、惣菜《そうざい》のスペースなどが生鮮食品よりも大きいことが多いですね。

私たちが食べるものは、すべて元は農業（酪農や漁業も含めて）がつくり出したものですが、経済活動という意味では、今では農業部門より食品加工部門のほうがずいぶん大きくなっています。それが私たちの社会の食のあり方です。

ごはん（お米）について、値段の視点からも見てみましょう。

コンビニのおにぎりの値段は、具の入っていない塩むすびで1個１００gで１００円くらいです。ごはんお茶碗に一杯は、だいたい１５０gですが、おにぎりと同じ量の小盛りにして１００gでコスト比較してみましょう。精米したお米では50g弱です。お米の値段は品種や食味によって大きく違いますが、仮に少し高めの１kgで４００円とする

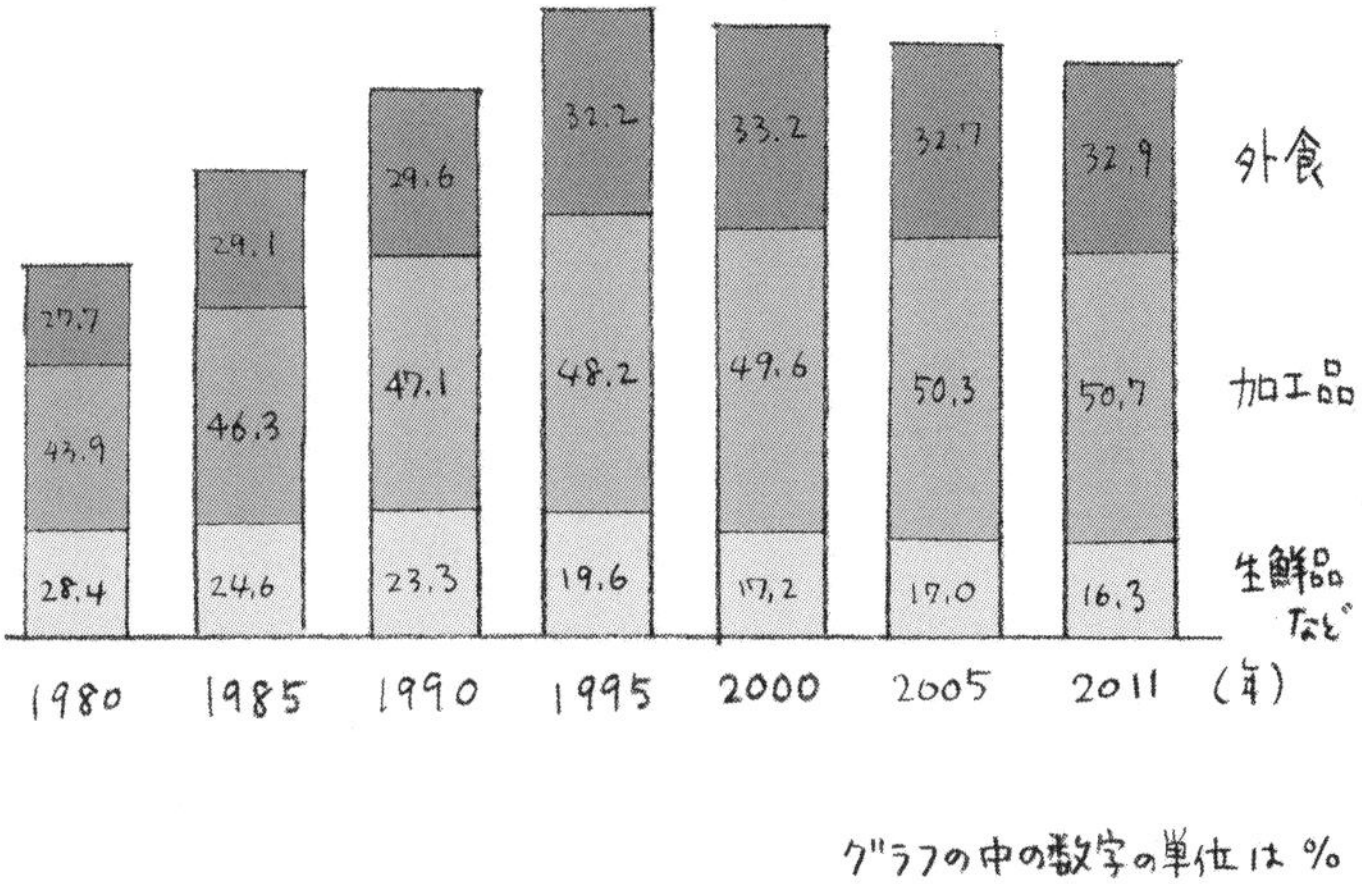

飲食料の最終消費額とその割合の変化

農林水産省の資料より

＊旅館、ホテル、病院などでの食事は、「外食」ではなく、使用された食材費を最終消費額として、それぞれ「生鮮品など」と「加工品」に計算されています。

＊お米（精米）や小麦粉など（精麦など）は、食肉、冷凍魚介類は、加工度が低いため、「生鮮品など」として計算されています。

と、50gは20円です。ごはんを炊《た》くにはお水と炊飯器と電気代を必要としますので、家計簿支出を考慮してざっとのコスト計算では3円ぐらいプラスとなります。つまり、ごはん100gにかかるお金の合計は23円ほどになります。

単純にコンビニのおにぎりとの差額は77円くらいですね。

――でも、炊飯器がないとごはんは炊けないし、おにぎりにして持って出かけるならラップも買わないといけないし、コンビニだといろんな種類のおにぎりが選べるし、原料の値段だけで比べられないと思う。

そうですね。お米を買ってこなくても、お米を磨《と》いで水を測って炊かなくても、コンビニでいつでも買って食べられる、その便利さにお金を払っているんですね。原料そのものよりも、そういう便利さに価値を認めているのだともいえます。

こういう価値観のもとでは、農産物の値段を決めるのは生産者よりも流通や消費者側の視点が強くなります。コンビニやスーパー、飲食店など食品関連産業（流通、サービス）側の要求が大きくなって、農産物そのものの価値より便利さなどのサービス価値が優先されているため、立場の弱い農家さんが自分で農産物の値段を決めることがむずかしくなっています。農家の生産現場と都会の消費者との隔《へだ》たりが大きいことや、日常の生活感覚として大地や自然との関係が薄れていることも影響しているのでしょう。

——それがいけないことなの？

そのこと自体がいけないとは思いません。おいしいものを便利により安くということは当然の思いですね。でも、そのことだけを重視すると、見落とすこともあります。安さの内側に注意すると、見えてくることもあります。

お米の例で具体的な数字を見てみましょう。

日本の歴代の政府は、主食をになう重要な農業として稲作を守るという方針をとってきました。そのため、「ミニマムアクセス」と呼ばれる約１割近くの輸入枠を国が安く輸入するかわりに、お米の関税は、当初（１９９５年）７７８％と高い関税を設定しました。

——７７８％？

桁《けた》違いに高い関税をかけて、輸入を制限し、今は１kgあたり３４１円の関税をかけています。お米も輸入を自由化すれば外国から安いお米が買えるはずですが、国内農業に深刻な影響がでるので、調整しているのです。それでも、部分的に安い価格の輸入米が入りはじめていることから、国内の米価も下がってきているのが現状です。

お米は多様なルートで取引されていますが、全国の出荷団体と卸売業者の取引価格（相《あい》対《たい》取引価格）が価格の目安となっています。2015年産米のその価格は、平均で1俵（60kg）1万3265円（1kg221円）ほどでした。それにたいして、お米をつくるために必要なコスト（生産費）は、1万5390円（1kg256円）です。

生産費より売る値段（卸価格）が低いのが現状なのです。生産費の中身を見ると、労賃が3割ほど、農機具や肥料・農薬代、地代などが7割を占めています。生産費のどこを切りつめるかというと、どうしても労賃を低くせざるをえない状況です。

——生産コストより値段が安いのは困るんじゃないの？

当然、困ります。価格競争は今の経済の原理ですが、まっとうな利益がでる価格がつかなければ、生産者はやっていけません。日本国内の農家さんの高齢化と後継者不足は、こうしたことの現れと言えるでしょう。

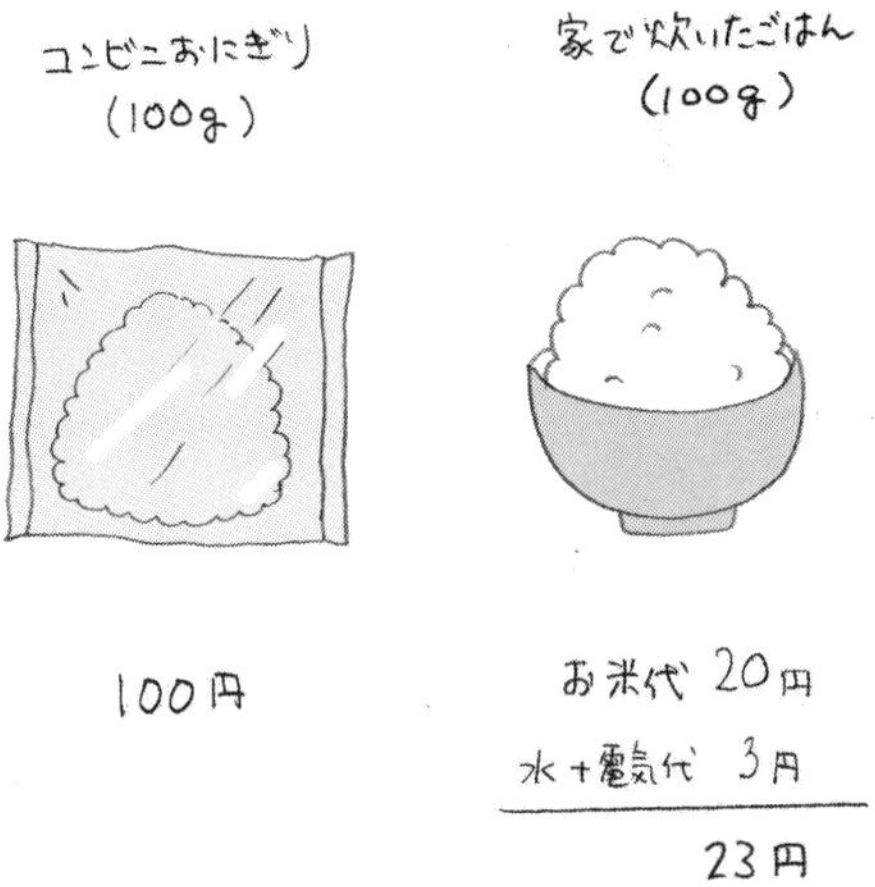
コンビニおにぎり
（100g）
100円
家で炊いたごはん
（100g）
お米代 20円
水＋電気代 3円
23円

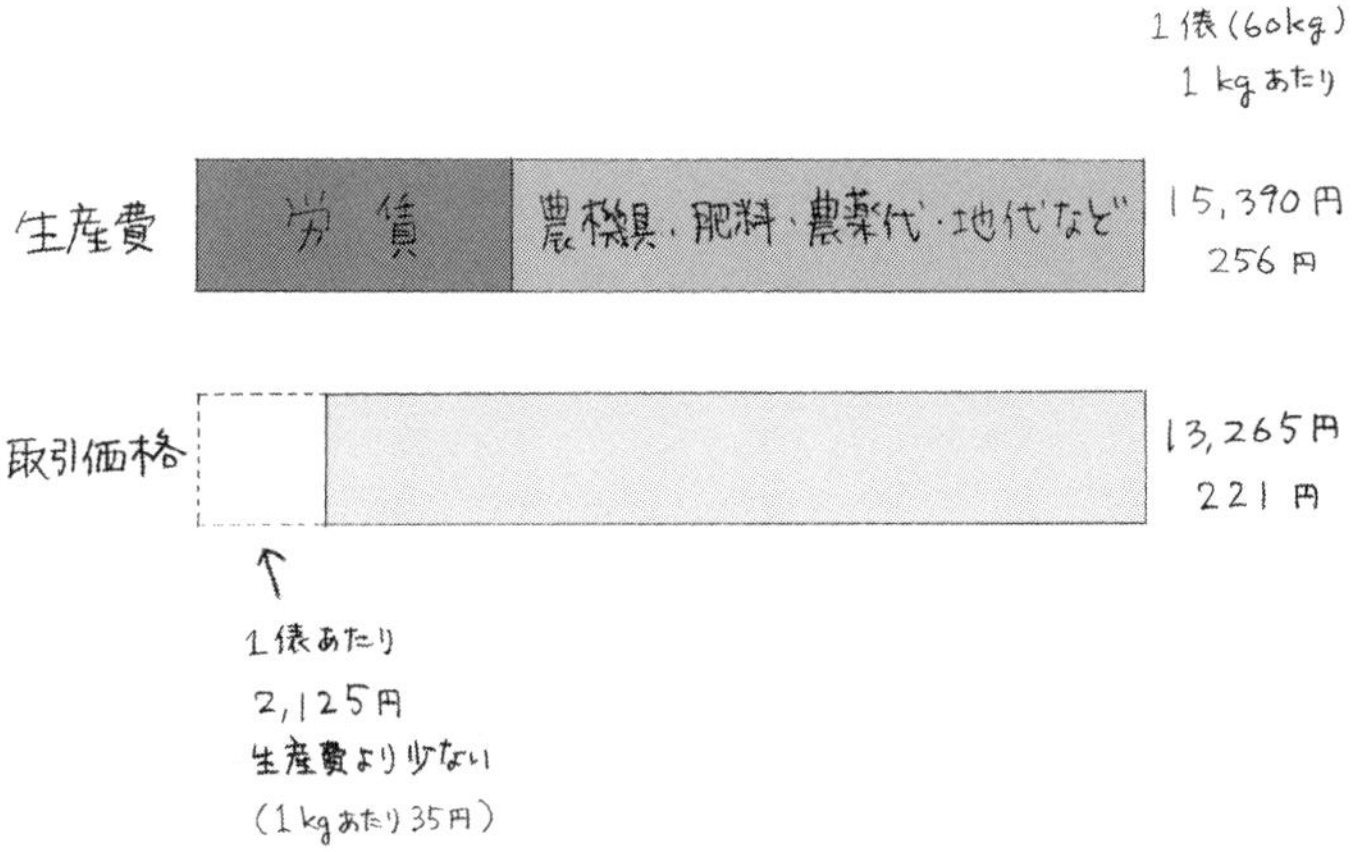
1俵（60kg）
1kgあたり
生産費
労賃
農機具・肥料・農薬代・地代など
15,390円
256円
取引価格
13,265円
221円
1俵あたり
2,125円
生産費より少ない
（1kgあたり35円）

それでも、まだ日本の農産物は高いというイメージが強くて、他の農産品ともども、より安くというプレッシャーにさらされています。2017年7月にはEUとの間で経済連携協定（自由化の推進）が大筋で合意されました。今後、次第にチーズ等の乳製品の関税が引き下げられる見込みです。そうなると、今でもぎりぎりの経営を強いられている日本の酪農家はもっと苦しくなり、廃業する農家が出てくることになるでしょう。

――うーん。でも、おいしいチーズが安く買えるとうれしいな。

そうですね。なにを優先させるかによりますが、それにかんしては第4章でもう少し考えてみたいと思います。

さて、今日の日本では飲み物やお菓子、おにぎりやお弁当がコンビニでいつでも買えて、ファストフード店やレストランではいつも同じ品質のものが食べられ、高級なお店からB級グルメのお店、アイスクリーム専門店などなど……豊かな食にあふれています。

ですが、一方でこの食のあり方はいろいろな無理や弊害《へいがい》も抱えています。次にそのことについて、詳しくお話ししましょう。

3

どんな矛盾や弊害があるの？

——今の食のあり方の矛盾や弊害《へいがい》って？

農業について言えば、近代化、合理化することで生産性は大いにのびましたが、その反面で出てきたいろいろな問題や矛盾があります。

ひとつには、栽培される作物の種類が減って同じものばかりになったことです。合理化された農業生産システムでは、決まったときに、決まった量、決まった形（規格品）の農産物を出荷することが求められます。「定時・定量・定質」と言います。まとまった量を長距離を輸送するので、その間に傷まないためにも必要なことです。

——野菜に規格があるの？

そうです。左のページに掲載した「規格表」の例のように、大きさや形、重さが各地域のJAによって細かく決められています。

——2cmや20g単位で細かく決められてるんだね。これにあわせるの大変そう。

はい。農産物を規格にみあうように育て、規格にあっているか確認して出荷するのは、農家さんにとって大きな負担です。その結果、求められる条件を満たしやすい品種ばかりが栽培されて、全国的に品種の数が急激に減りました。

——品種ってなに？　少ないとなにが困るの？

たとえば、お米では「コシヒカリ」「ササニシキ」などが有名ですが、同じお米でも味や形の特徴、育てやすさなどが異なるさまざまな種類があります。それが品種です。ジャガイモの「男爵《だんしゃく》」「メークイン」という名前も聞いたことがあると思います。多くの品種の中で、ジャガイモではこの2つの生産量が圧倒的に多くなっています。トマトは一時期

きゅうりの出荷規格の例

大きさ	1個の長さ	1個の重量	箱詰め本数(5kg)
2L	23cm以上25cm未満	120g以上140g未満	42本
L	21cm以上23cm未満	100g以上120g未満	52本
M	19cm以上21cm未満	80g以上100g未満	60本

等級	A	B
曲がり	2cm以内のもの	3cm以内のもの
肩おち、尻太り	ないもの	目立たないもの
病虫害	ないもの	ないもの
損傷	ないもの	軽微なもの

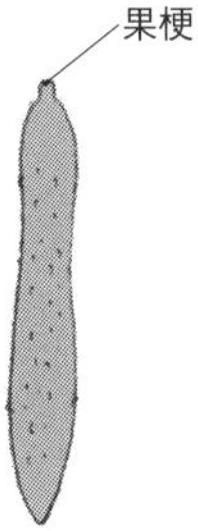

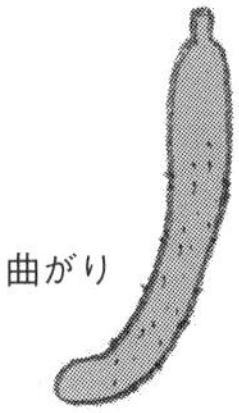

＊果梗《かきょう》の切除はハサミを使用し 5mm以内とする。
＊異品種を混入しない。

は完熟しても輸送中に傷みにくい「桃太郎」という品種ばかりがつくられていました。

同じ品種ばかりだと、たとえば、夏の気温が低いなど天候不順や病気や害虫が発生したときに、いっせいに被害を受けてしまいます。寒さに弱い品種や強い品種などいくつか栽培していれば被害は限られます。

歴史的な出来事に、１８４０年代におきた、アイルランドのジャガイモ大惨事がありま す。アメリカ大陸から持ち込まれた限られた品種を大量に栽培していたところに病気（胴枯れ病）が発生し、この病気にたいする抵抗がなかったために、全面的に被害を受けてしまいました。ジャガイモが主食になっていたので大量の餓死者が出てしまったのです。

また、「定時・定量・定質」によって、農家さんは栽培する種《たね》を毎年種苗《しゅびょう》メーカーから買うようになりました。工業化される前の農業では、種は農家さんが自分たちで次の年に植える種をとっていました。「自家採取《じかさいしゅ》」といいます。地域で長年つくられてきた品種は、地域の風土に合うように改良され、ほかの農家と種を交換しあって多様なもの（バラエティ）が引き継がれてきました。「在来種《ざいらいしゅ》」（伝統野菜）と呼ばれています。

でも、「在来種」の作物は、形も収穫できる時期もばらつきがあります。それにたいして、種苗メーカーが品種を管理して販売する「交配種」（Ｆ１＝一代雑種）と呼ばれる種は同じような形に育ち、同じ時期にいっせいに収穫できます。そこで、農家さんたちは

「交配種」（Ｆ１）を買うことが増えていきました。ただし、ことなる性質の親を交配してつくる「交配種」は、優れた性質を持った作物ができますが、そういう性質が現れるのは一代かぎりで、それから種をとってもおなじようには育ちません。そのため農家は種メーカーから毎年種を買うことになりました。

先にふれたトマトの「桃太郎」は有名な「交配種」です。キュウリでもキャベツでもニンジンでも日本で栽培されている野菜の大半は、国内の種苗会社が供給する交配種です。

――それのなにがよくないの？

栽培されるのがすぐれた品種に集中することのほか、種を毎年買わなければならないので、農家さんが自分でつくる品種を自分で決められないこと、数社の種苗メーカーの影響力が強くなることもあげられます。世界的には数少ない種苗メーカーによって「種子支配」と呼ばれるような状況も生まれています。

もっと直接的な問題もあります。

いくら交配種でも、お天気やその他の自然条件、作物自体の特性などによって、収穫できる量や時期にばらつきがあります。そのため、「定時・定量・定質」にあわせるために、野菜がすぐに大きく育つ化学肥料をやりすぎたり、農薬を使いすぎたりということがおこりました。

化学肥料で形は大きくなったとしても野菜は病弱になります。自然（生態系）のバランスがくずれて、農作物に病気が発生したり、害虫による被害が出やすくなります。そこで農薬をたくさん使うと、今度は害虫を食べてくれる天敵のクモやテントウムシが死ぬので、かえって害虫が繁殖しやすくなってしまい、さらに農薬をたくさん使う……という悪循環が各地でよくおきるようになりました。

同じ作物をつづけて栽培することで土の中のバランスが崩れて、作物に害となる微生物がふえて「連作障害」がおきることも多々あります。その対策に、土壌の殺菌をしなければならなくなり、有害なガスで土壌燻蒸《くんじょう》がよく行われます。作物の邪魔になる雑草をはやさないように除草剤という薬剤もよく使われます。

最近は農薬の成分を低毒性のものに規制したり、使用を抑える配慮がみられますが、農薬や化学肥料をたくさん使う農業は、田んぼや畑の生態系を乱します。田畑に棲息《せいそく》して農業と一体となって生態系をつくりあげてきたカエルやドジョウなどの小さな動物や虫、植物、微生物などを減らしてしまい、バランスを崩しやすいのです。長野県佐久市にある佐久総合病院では、農薬による健康被害について1970年代から警鐘《けいしょう》を鳴らしてきました。

農薬や化学肥料をたくさん使う工業化された農業は、食べることで生態系の循環の一部を担っている人間と自然との共生関係に影響をおよぼし、人間自身にとっても健康への影響が心配されるものだったのです。

同じように環境への影響が心配されている問題として、遺伝子組み換え作物の問題があります。大豆やトウモロコシなどの作物に、除草剤につよい遺伝子などを組み入れて、除草剤と一緒に使うと生産性があがる作物が、アメリカ、カナダ、ブラジルなどで普及しています。

私は遺伝子組み換え作物をけっこう食べている

――あれ？　日本は大豆やトウモロコシをアメリカやカナダから輸入してるんだよね？

はい。大豆は自給率7％ですし、トウモロコシも飼料として輸入していますから、日本ではかなりの量の遺伝子組み換え作物を消費していることになります。それが今の一般的な状態です。

一方で、遺伝子組み換えでない作物を求めたり、農薬や化学肥料も使わずに栽培した有機農産物を買う人びとも少なからずいます。

農家さんの中にも、合理化、工業化した「近代農業」に疑問を持った人たちが、生態系との共生をとりもどす農業として、土中の微生物など、生き物の世界の働きや関係性を生かし、自然の循環を重視する農法に取り組んでいます。枯れ草や動物の糞尿《ふんにょう》からつくった「たい肥」で土中の微生物たちの働きを活発化させて、作物の根と微生物との共生関係をつくり、健康的に生育させる有機農法が代表例です。

矛盾点に目を戻しましょう。

大きさや形の規格が厳しいので、いくらそれに適した品種を栽培しても大きいものや小さいもの、形が違うものができます。規格にあわないそれらは市場に出せません。果物ならジャムやジュースなど加工食品の原料として使われることもありますが、野菜は場合によっては生産者の現場で捨てられてしまうこともあります。

「豊作貧乏」という言葉がありますが、豊作で作物が穫《と》れすぎても、価格が暴落して出荷用のダンボール代にもならないので、畑で作物をトラクターで踏みつぶすなどしてしまいます。食べものとしてはまったく問題ありませんから、もったいないことです。

また、今ではレストランなどで1年中同じメニューが食べられますし、トマト、キュウリ、キャベツ、ピーマン、ニンジン、ダイコン、ネギ……など定番の野菜は1年中買うことができますね。ですが、野菜には「旬《しゅん》」と呼ばれる収穫に適した時期があります。桜の花は春に、ひまわりは夏に咲くのと同じです。たとえば、トマト、キュウリ、ピーマンなどは夏が旬です。冬に収穫するにはビニールハウスや、より大規模な温室の中で栽培して、燃料（石油）を燃やして暖房し、中を十分温かく保つ必要があります。

――そうだったの？　季節外れって、エコじゃないんだね。

そうですね。四季おりおりに自然の恵みで作物が育つわけですが、それだと一時期にできてしまいます。昔は野菜の旬にあった料理法や保存利用（漬け物）などが工夫されていましたが、旬ではないときにあるとめずらしいので高い値段がつくこともあって、だんだん野菜の季節性が失われてきました。今では定番の野菜は年中いつでもあるのが当たり前になっていますが、そのために環境に負荷を与えている場合もあります。

畜産についてもお話ししましょう。

鶏《にわとり》には、卵を産ませる採卵用と肉用の2種類があります。それらの親は「種鶏《しゅけい》」と呼ばれています。その種鶏の親は「原種鶏《げんしゅにわとり》」と呼ばれています。採卵鶏について言えば、日本には約1億4千羽の採卵用の鶏が飼われていますが、その親にあたる種鶏のほとんどは外国の育種会社から輸入されています。毎年およそ50万羽のヒヨコが空輸されて日本国内の「種鶏場」で飼育され、自然交配で孵化《ふか》させて多数に増やされた採卵鶏のひなが養鶏場に出荷されています。

――卵を産む鶏の親は、外国から空輸されて来てるってこと?

そうです。肉用の鶏も同じです。1962年の種鶏の自由化以降、国産鶏よりもっと多く卵を産む外国の鶏が導入されるようになり、今では名古屋コーチンなど地域の銘柄鶏や地鶏など数%だけが国産です。そして、やはり全国で飼育されている鶏の品種は採卵用でも、肉用でもわずか数種に集中しています。

鶏とくらべて豚や牛の場合は、「種豚《たねぶた》」、「種牛《たねうし》」といわれる「親」は国内で確保されていますが、限られた種豚や種牛に集中していることは同じです。

卵についてもうすこしお話ししましょう。

卵は1パック(10個)200円以下で買えますが、その卵は採卵用の鶏が養鶏場でだいたい毎日1個産んだものです。当然ですが養鶏場で必要なのは卵を産むメスだけなので、

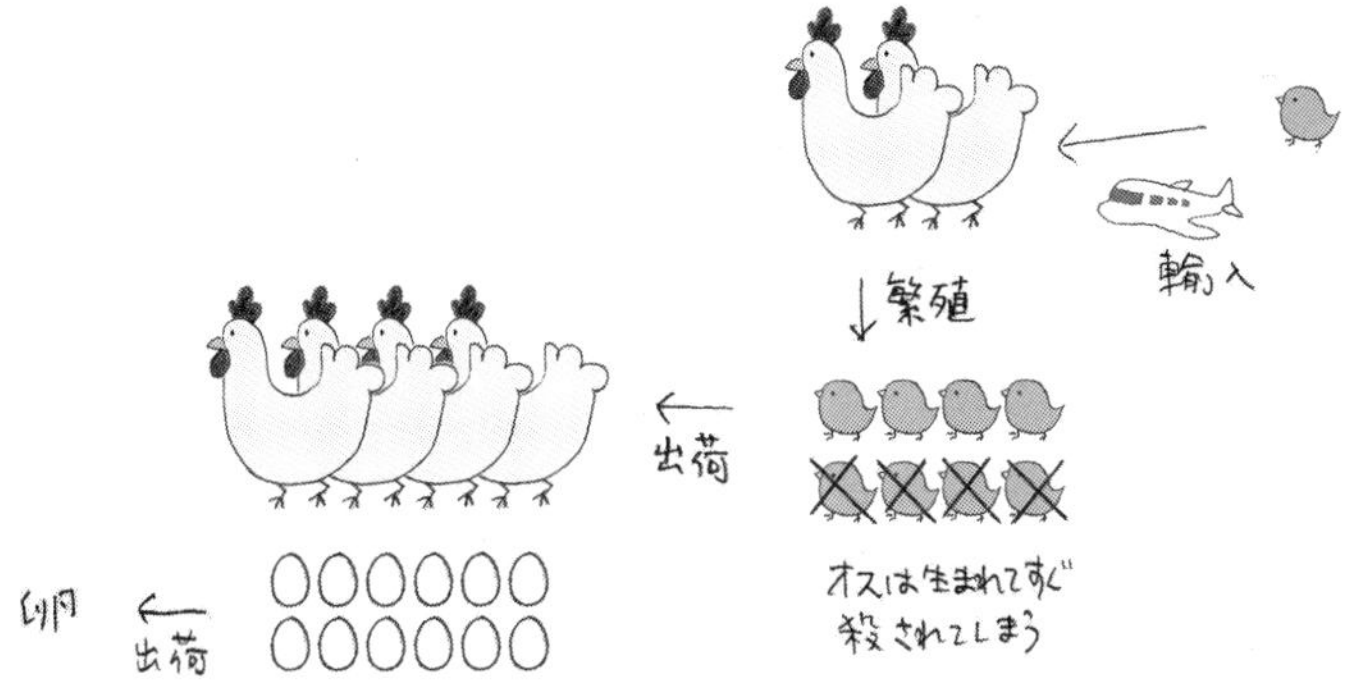
輸入
繁殖
出荷
オスは生まれてすぐ
殺されてしまう
卵
出荷

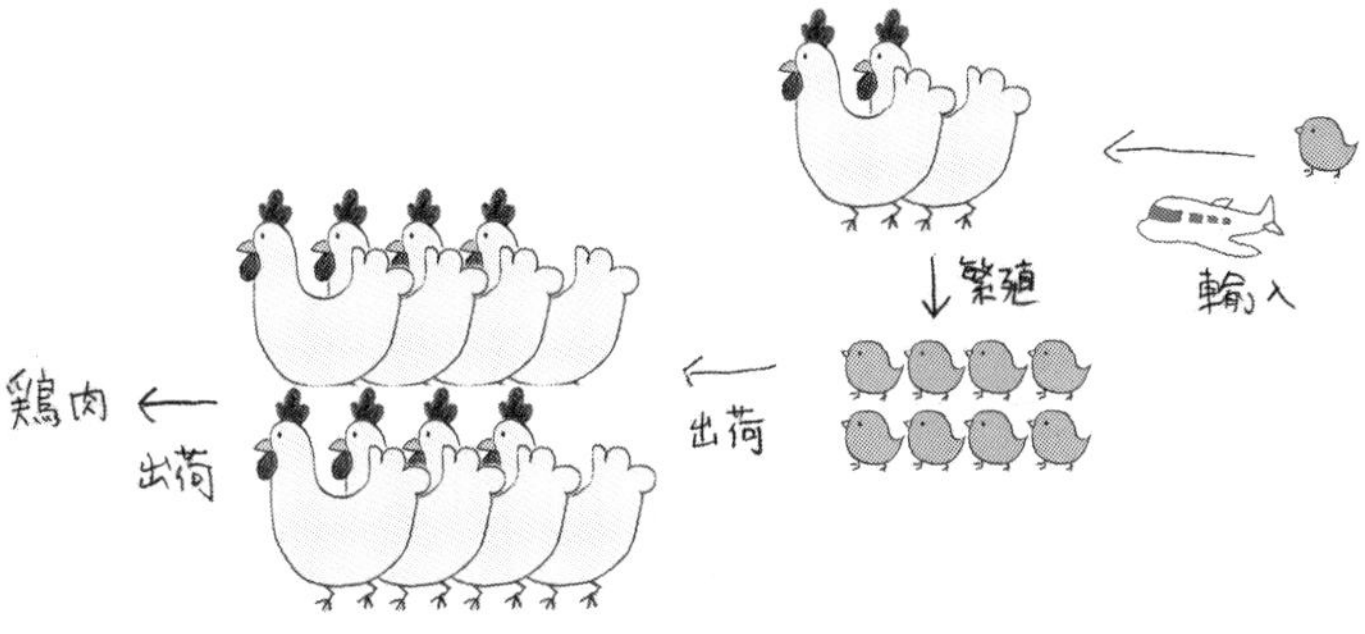
輸入
繁殖
出荷
鶏肉
出荷

種鶏場が出荷するのもメスだけです。オスのヒナは孵化してすぐ殺してしまいます。

――生まれてすぐ殺すの？　肉用に育てないの？

育てません。肉用は別の鶏種なのです。採卵用の鶏は、おいしい卵をより効率よくより安いコストで産むように品種改良されたものです。野生の鳥たちは年に何回も卵を産みませんよね。人間に飼いならされた鶏は、よく卵を産むものが選択され改良されてきました。1年365日にどのくらい卵を産むかというと、今の平均は300個です。同じように、「ブロイラー」に代表される肉用の鶏は、よりおいしい肉としてより効率よく出荷できるように品種改良されています。食べたエサがどのくらいの卵や肉に変わるのかというと、どちらの品種もだいたい2kgのエサが1kgの卵や鶏肉になる計算です。

無駄のない工夫ということでは、殺されたオスのヒナは肥料や飼料の原料として利用されていますから、最終的には私たちの食料になっています。とはいえ、生まれた命をすぐ殺してしまうということは、私たちが食料について効率化を求めた結果、行っていることのひとつですね。

——ちょっとショック。

感染症の問題もあります。

鶏でも豚でも牛でもより効率よく、よりコストを抑えるために狭い場所で密集して飼われていることが多いので、いったん「鳥インフルエンザ」や「口蹄疫《こうていえき》」などの伝染病が発生するとまたたく間に感染が広がります。最近の例では、2017年1月、鳥インフルエンザが発生した岐阜県の養鶏場では、感染拡大を防ぐために県がこの養鶏場の鶏約8万羽を殺処分しました。

——8万羽も感染したんだね。

いいえ、ほかの養鶏場への感染拡大を防ぐためにこの養鶏場のニワトリすべてが殺されたのです。家畜の伝染病の拡大を防ぐためには1羽、1頭でも感染が見つかればただちに隔離《かくり》して、感染を遮断《しゃだん》しなければなりません。隔離して安全に処分しなければ、感染が拡大してもっと多くの家畜を殺さなければならなくなります。殺された家畜は、土の中に埋められます。2010年には、宮崎県で発生した口蹄疫によって、終息までの3ヵ月間に約29万頭（牛7万頭、豚22万頭）の家畜が殺処分されることがおきました。

――そんなにたくさん、元気な牛や豚も殺したの？

はい。飼育している農家さんにとってたいへんつらいものです。大量の家畜を集めて飼育する方法が生んだ矛盾で動物たちが犠牲になっています。

口蹄疫は、牛、豚などの「偶蹄類《ぐうているい》」と呼ばれる動物に感染する伝染力が強いウイルス性の病気です。宮崎県内の発生農場は292ヵ所におよび、経済的な被害は畜産業にとどまらず、5年間で2350億円におよぶ地域経済全体への損失となりました。

鳥インフルエンザは野鳥による媒介が疑われていますが、口蹄疫は飼料やワラや人間に付着してウイルスが持ち込まれたと考えられていますので、グローバル化の時代の落とし穴のひとつです。

――感染するとそんなにたくさん殺処分されて、大きな損害がでるんだ。

そうですね。この時は宮崎県のレベルで感染を止められましたが、被害が拡大しないように直ちに対処しないとたいへんなことになります。2001年イギリスで発生した口蹄疫は全土に広がって総計約600万頭が殺処分される大被害となりました。

また、日本の「食」のあり方が海外においてどんな影響をもたらしているのか、ひとつの例を紹介しておきましょう。

日本が輸入している農水産品目で上位を占めるものにエビがあります。多くが養殖エビですが、養殖池はインドネシアやタイ、ベトナムなどの海岸線のマングローブの林を伐採してつくられることが多く、マングローブ林が急速に消えてしまったことで、自然破壊が大きな問題になっています。

マングローブの樹木が生える浅瀬の砂泥地《さでい》は、栄養分が豊富でプランクトンが大量に発生し、稚《ち》エビや稚魚にとって、エサの供給地としてたいせつな場所です。樹木の根っこが繁っているので外敵から身を守る安全な場所としても、絶好の環境です。マングローブ林がなくなると、稚魚たちが成長する場所がなくなり、生態系の循環が壊されて、この地域の漁業資源への悪影響が心配されています。

また、エビ養殖地帯では、地下水をくみ上げすぎて深刻な地盤沈下がおこったり、エサを大量に与えるために水質が悪くなり、エビが病気になってしまうので大量の抗生物質を使うことになります。エビ養殖場が密集すると、周辺の水質汚染も深刻です。じっさいに、エビの養殖場が最初に大々的に開発された台湾では、密集しているため病気が多発して抗生物質では防ぎきれなくなり、産地としては衰退し、土地に余裕があり人件費が安いところとして、インドネシアやタイやベトナムに産地が移った経緯があります。

また、マングローブ林は、自然の防潮林の役目もはたしていますから、マングローブ林がなくなることで水害がおきやすくなります。２００４年におきたスマトラ沖の巨大地震での津波被害では、マングローブ林があったかどうかで被害の規模に大きな差がでました。マングローブ林が消失してしまった地域で、もしマングローブ林が残されていたならば死者が半減していたとの推定があるほどです。ただしマングローブ林が消失したのは、エビ養殖場だけでなく、薪や炭の原料伐採などさまざまな開発によるものでもありました。

――津波の被害を大きくしてしまったなんて……。

グローバル時代という言葉どおり、私たちが日々口にしているのは地球規模の遠いところでつくられたものも多く、私たちの食生活は世界全体に深くかかわっています。

では、次に世界の食料事情について見てみましょう。

第4章

世界全体ではどうなってるの？

① どんなふうにつながりあってるの？

——私がふだん食べてるものって、意外なところとつながってるんだね。

そうですね。今の食のあり方は複雑に世界のいろいろなところとつながっていて、思ってもみないようなところが関係していたりします。

まずは農業の現状について、地球全体で概観してみます。

地球の表面は大きくは海と陸地に分かれていますね。およそ7割が海、3割が陸地です。陸地にはユーラシア大陸、アフリカ大陸、南北のアメリカ大陸、オーストラリア大陸と人が住んでいない南極大陸、それに加え大小の島があり、全陸地面積はおよそ130億ヘクタールです。

そのうちの約38％（約50億ヘクタール）が農業用地として利用されていて、約31％（約

40億ヘクタール）が森林の面積、その他の31％（約40億ヘクタール）は砂漠地や荒地です（生物が生息しにくい環境で、都市の住宅地や道路も含みます）。おおざっぱにイメージすれば、全陸地の約3分の1あまりが農業用地で、森林と荒地がそれぞれ約3分の1程度です。森林から得られる資源の多くが木材や薪《まき》などの燃料、紙の材料（パルプ）などに利用されていますから、砂漠など以外のほとんどの土地を人間が管理し手を加えて利用していることになります。

農業用地の内訳は、畑や水田などの耕作地が14億ヘクタール、果物やお茶など多年性の作物が栽培されている永年作物地が1・6億ヘクタール、多年生の牧草が栽培されている永年牧草地が34・4億ヘクタールです。

――牧草地が大きいんだね。

そう、農地といっても約7割を家畜の飼料を生産したり、家畜を放牧する牧草地が占めています。

これらの農業用地で生産されている基本的な食料の1年間の生産量を見てみましょう。

3大基礎穀物と呼ばれる米、小麦、トウモロコシが合計約23億トン（それぞれおよそ

4・8億、7・5億、10・5億トン）、牛が15億頭、羊が12億頭、山羊が10億頭、豚も10億頭、鶏が214億羽ほど飼われています。これらの農産物が地球上の総人口約73億人（2014年）を養っています。

これをひとり分の面積で考えると、0・2ヘクタールの耕作地、0・5ヘクタールの牧草地を利用していることになります。25mプール（25m×10m＝250㎡）と比べてみると、1ヘクタールは100m×100m＝10000㎡ですから、耕作地は25mプール8個分、牧草地は20個分に相当します。

――そんなに広い面積が必要なんだ。

耕作地と牧草地あわせて1年ひとりあたりプール28個分と考えると広いですね。でも、第3章でお話ししたように、食べものの多くが海外から輸入されたものなので、日本に住むあなたが使っている面積はもっと大きいのです。

家畜で計算すると、ひとりあたり、牛0・2頭、羊0・16頭、豚0・14頭、鶏3羽ほどで養われているという計算になります。

地球上の農地面積はひとりあたり
25mプール28個分

——牛、羊、豚、鶏は意外と少ないような気もする。

世界的には、牛を食べないヒンドゥー教徒や豚を食べないイスラームの人々、肉を食べない菜食の人などがいます。また、世界人口の1割を占める貧困層（1日1・9ドル以下の生活）は、肉を食べる機会がすくないので、日本に住むあなたの感覚では少ない数字に見えるかもしれません。

この他に、水牛、馬、ロバ、ラバ、ラクダなど大きな家畜を含めて合計すると、約50億頭になります。世界人口の約4分の1は子どもですので、世界全体で、大人1人が約1頭の家畜を飼っている計算になります。

私たち一人ひとりを養ってくれている農地面積や家畜の数について、大まかにイメージできたでしょうか？

また、家畜以外にタンパク源として重要な位置を占めているのが魚です。魚についてもお話ししましょう。2010年の世界全体での漁獲高は8952万トンで、1年ひとりあたり12kgあまりの計算になります。

1970年代くらいから日本を含め多くの国から大型の船が遠い海まででかけて、文字どおり世界中の海で操業《そうぎょう》し、世界の漁獲高は増えつづけてきました。ところが、90年代後半ごろからは頭うち状態となっています。

——魚は養殖もしてるんじゃないの?

はい。ただし、最近はエサの原料となるカタクチイワシなどの天然の漁獲高も減ってきています。海が育んだ漁業資源(魚)の量が回復できる以上に獲られているためです。

ところで、日本やアメリカやヨーロッパの国々はじめ経済的に豊かな国では、お菓子メーカーや調味料メーカー、カップ麺メーカーなどたくさんの食品製造会社が毎日毎日大量の製品をつくっていますし、全国にチェーン店があるファミリーレストランなど飲食店も毎日毎日同じ料理をお客さんに出しています。スーパーにも外国の土地でつくられた食べものやその加工品が毎日並んで途切れることがありません。

これらのことは輸入するのに高い関税がないことや、遠い外国の土地で生産された作物を大量に安定して買えるしくみ、地球規模の輸送方法などが整っているからできることです。

そしてこのような国々では大量の食品が捨てられています。日本では1年間におよそ

2800万トン（消費量の3割）にもおよびます。食品の3割が捨てられている現状をどう思いますか？

――そんなに多いとは思ってなかった。

いっぽう、国連食糧農業機関（FAO）によると、生きるために最低限必要な食が満たされていない人が、9人にひとりいます。人数でいうと73億の世界人口のうち、8億人が栄養不良状態です。十分な食糧を得られない人は、アメリカや日本などの豊かな国にもいますが、ほとんどが貧しい国の人びとです。

豊かな国では3割もの食べものが捨てられるいっぽう、8億もの人びとが食料不足の状態なのです。

――なんかおかしくない？

おかしいですね。穀物を例に見てみましょう。

米、小麦、トウモロコシの3大穀物の世界全体の生産量はだいたい23億トンほどです

豊かな国では食べものの3割が捨てられる　いっぽうで、飢えている人が8億人もいる

(2016年)。世界中のすべての人に平等に分配すると、1年にひとり300kg以上です。1年に必要な量はひとりあたり180kgくらいです。ちなみに日本では1年で食べる穀物はひとりあたり160kgです。

――必要な量以上の穀物が生産されているのに、どうしてたくさんの人の食料が足りてないの？

じっさいには直接食べるのは穀物の約5割で、約3割が家畜飼料（トウモロコシは65%が飼料用）、約2割が工業用（各種アルコールやエタノール燃料など）に利用されているのです。工業用をのぞいて、食料に利用されている穀物だけで考えるとひとりあたり分は240kgの計算になります。エサとして家畜に食べさせるということは、それを肉や卵、牛乳という形に変えて食べるということです。牛肉1kgの生産には10kg、豚肉には7kg、鶏肉には4kg、卵には3kgの穀物が必要です。牛乳や乳製品でも同じことがいえます。

――牛乳を飲んだりお肉や卵、乳製品を食べることは、その元になった何倍かの穀物を食べていることでもあるんだね。

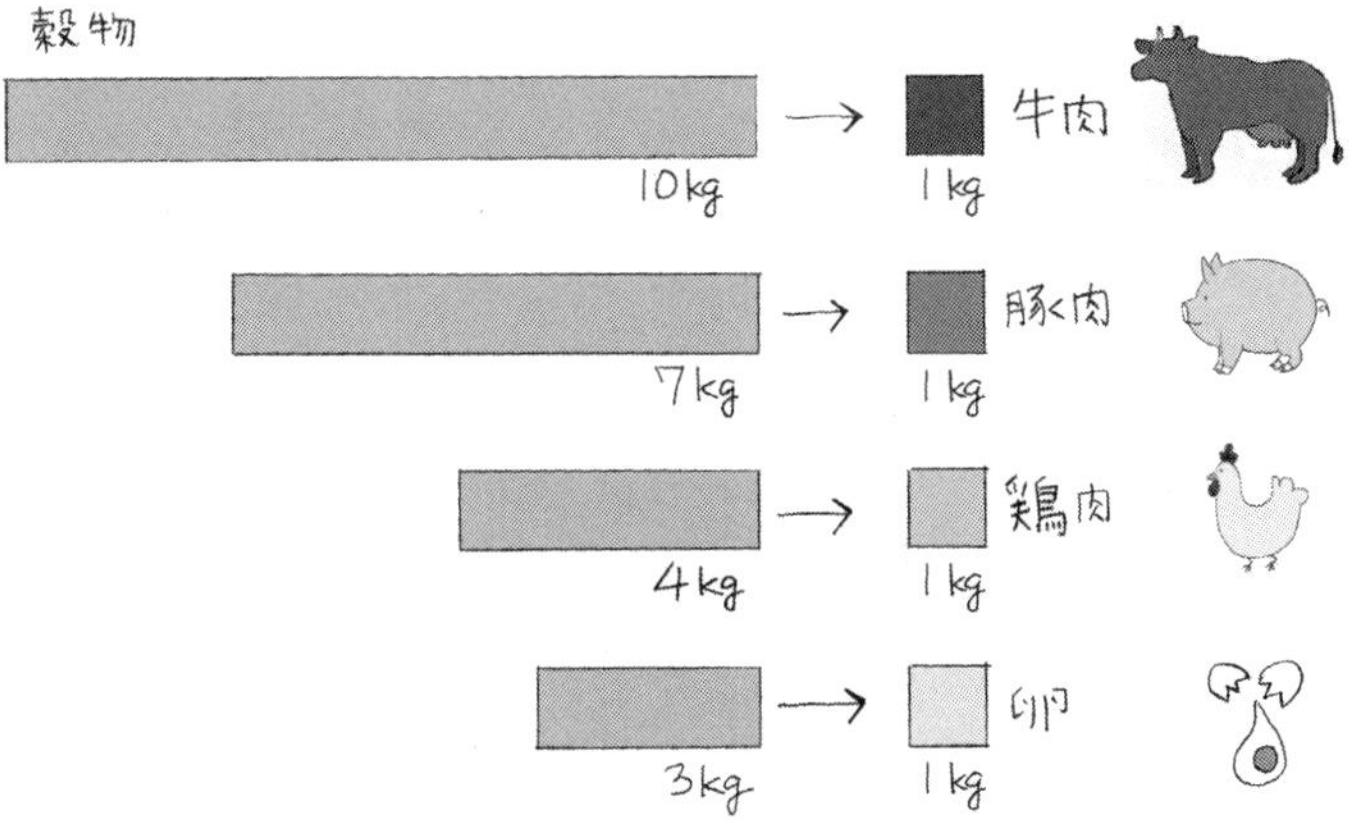

家畜は穀物や大豆油かす、米ぬか、魚粉などが配合された飼料を食べているが、穀物分を計算すると、牛肉は10倍、豚肉は7倍、鶏肉は4倍、卵は3倍の量が必要。

そういうことです。アメリカやヨーロッパ諸国では、ひとりあたり1年間に100kg以上の食肉を食べています。とくに肉の消費が多いアメリカでは、穀物に換算するとひとりあたり年間1000kg分を消費しています。穀物生産量のうち食用に消費されている分のひとりあたり240kgの4倍あまりに相当します。

日本では1年間にひとりあたり30kgあまりの食肉が食べられています（魚も30kgちかく食べているので欧米諸国に比べると少なめです）。かりにすべて豚肉と考えれば210kgの穀物に相当します。日本の穀物消費量は160kgでしたから、あわせて370kg。ひとりあたり分の1・5倍あまりを消費している計算になります。

穀物が必要な量以上に生産されていても、十分に食べられない多くの人がいることの背景として、ひとつには豊かな国々でひとりあたり以上に食べていることがあります。

そして、2005年ごろから増えているのがバイオ燃料としての用途です。穀物が食べもの（直接食べるのであれ、家畜という形にするのであれ）以外に使われることも、多くの人が十分に食べられないひとつの原因になっています。最近は、穀物以外の作物でもバイオ燃料としての需要が増えてきています。

──バイオ燃料って？

近年よくつくられているのは、サトウキビやトウモロコシなどの植物を発酵・蒸留してつくられる「バイオ・エタノール」と、ナタネ油や大豆油やパーム油（パームヤシ油）からつくられる「バイオ・ディーゼル」です。これらの作物もバイオ燃料に使われることが増えてきています。パーム油というのはあまり聞いたことないかもしれませんが、日本ではカップ麺や惣菜《そうざい》の揚げ油、マーガリン、パンやドーナツ、ポテトチップス、ケーキやクッキーなど、大量に使われていて、洗剤の原料でもあります。

バイオ燃料としての需要が大きくなっていることから、原料となる作物の生産が急速に増えています。たとえばマレーシアやインドネシアでは、パームヤシがプランテーションと呼ばれる大規模農場で栽培されていますが、これらのプランテーションが熱帯林を切り開いて急拡大しています。また、関連する動きとして、大豆の需要が高まる中で、ブラジルのアマゾンの森林地帯が急速に開拓されたり、アルゼンチンでは耕作地の半分が大豆畑になっています。

十分に食べられない人がいるいっぽうで、森林や食料生産のための耕作地が工業用の需要のために使われる面積が増えているのが現状です。

工業用作物を栽培するということは、食べるための作物をつくっているのではないということですが、じつは、燃料用作物に限らず、食べるための作物より売るための作物が多くつくられています。そのことも、飢えている人が多い原因のひとつになっています。

——どうしてそうなるの？

今日の経済では、各国が得意とするものを生産し、貿易を通して交換するという「国際分業」のシステムが進み、世界中で貿易の自由化や輸送ネットワークが整備されています。農業においてもこうした「国際分業」が進んでいるのです。サトウキビやパームヤシ以外にも、コーヒー、紅茶、カカオ、バナナ、マンゴー、パイナップルなどが貧しい国のプランテーションで栽培され、お金のある国に輸出されています。

これらの作物について、農場で働く生産者の手に渡るのはたいていの場合、私たち消費者が払うお金の1％未満です。たとえばバナナ5本が200円なら1～2円、コーヒー豆200gを500円で買ったとすると、2～3円です。残りの99％以上が、貿易や加工、販売に携わる食品関連企業に渡ります。そうした食品関連企業のほとんどは先進国の企業です。

「国際分業」のため、食べるための作物より売るための作物が多く栽培されている

平凡社

…刊案内
…7年11月

…花
…浩二
…・カバット

月夜の山中、音吉が担いできた鮟鱇の腹の中から妖しい美女が現れ出る。泉鏡花の怪異譚を山村浩二のイラストで活写した、奇妙で滑稽な新しい絵草紙の誕生！

1800円+税

《随身庭騎絵巻》《伴大納言絵巻》など平安から鎌倉期の詞書のない説話画や絵巻物を読み解き、想像力で物語を紡ぐ。表現の多様性を再発見し、新しい絵物語世界の可能性を提示する。

3200円+税

徳田虎雄は、なぜ一代で世界有数の医療グループ〈徳洲会〉を築けたのか？ 清濁併せ呑みながら病院建設に邁進する男の〈医・政・金〉。それを支えた側近たちの姿を追う。

1800円+税

20世紀を代表する彫刻家、イサム・ノグチ。彫刻のみならず、舞台美術や家具デザイン、陶芸など幅広い活動を展開したその全体像を、全80点の国内外の優品によって紹介。展覧会公式図録。

予価2500円+税

食べないとなぜ死ぬの？ 食べ物はどこから来る？ 日本の食糧自給率はなぜ低い？ 食べ物の未来はどうなる？ 日常の疑問にはじまり、生きる基本「食」を根っこから考える。

予価1400円+税

とくに有名ブランドの高級チョコレートの場合、高いお金を出して買いますが、加工経費、デザイン、包装や広告費を含めてほとんどのお金が先進国に行っていて、貧しい国のカカオ生産者の手に渡るのはごくわずかです。

125ページの図を見てください。世界の人口の割合を豊かさ（経済的な富）で5段階に分けて表したものです。先進国の人口は2割程度ですが、その2割の人たちが世界の富の大半（8割以上）を持っています。残りの5分の4の人たちが残りの部分を分けあっていますが、とくにいちばん貧しい人はほとんど得ていない、という富の分布を図にしたものです。じつはこの図が示す割合は、私たちが食べものを買ったときの値段の中身（お金の行き先）の割合とよく似ています。世界の富の豊かさと貧しさの割合、その大きな違いが商品の値段の内訳としても示されていると読みとることができます。

――いちばん貧しい人は、どうして、そんなに少ししかもらえないの？

もともとプランテーションは欧米の国々が植民地にした土地に、欧米向けの商品作物を生産するためにつくったものです。植民地ではまともに賃金を払いません。そういうやり方がいまだに残っているということもあるでしょう。また、プランテーション以外に働くところがなかったり、農産物を売る相手はだいたい一ヵ所なので、いくら安くてもほかに選択肢がないのです。

輸出用作物の農場で働く人びとは自分たちが食べるための作物はつくっていません。食べるものは買わなければなりませんが、わずかなお金しかもらえないので、ぎりぎりの生活、場合によっては栄養が不足してしまうような生活をするしかないのです。

食べるものはどこから輸入しているかというと、アメリカなどです。日本もアメリカやカナダから安い小麦などを輸入していましたね。貧しい国々の多くもこれらの国々から小麦など食べるための基本的な食料を輸入しています。

——貧しい国が豊かな国から食料を輸入してるんだね。

そうです。小麦などの基本的な食料の輸出国はいわゆる先進国です。貧しい国々では、輸出用の作物をつくる農地があるわけですから、そこで自分たちが食べるための作物を栽培することも可能なはずです。ところが「国際分業」の進んだ経済体制によって、貧しい国ではお金になる輸出用の作物（=商品）が農地を占領してしまって、土地を持たない貧しい人びとはそれらの農場で働きながら十分に食べられない、ということがおきているの

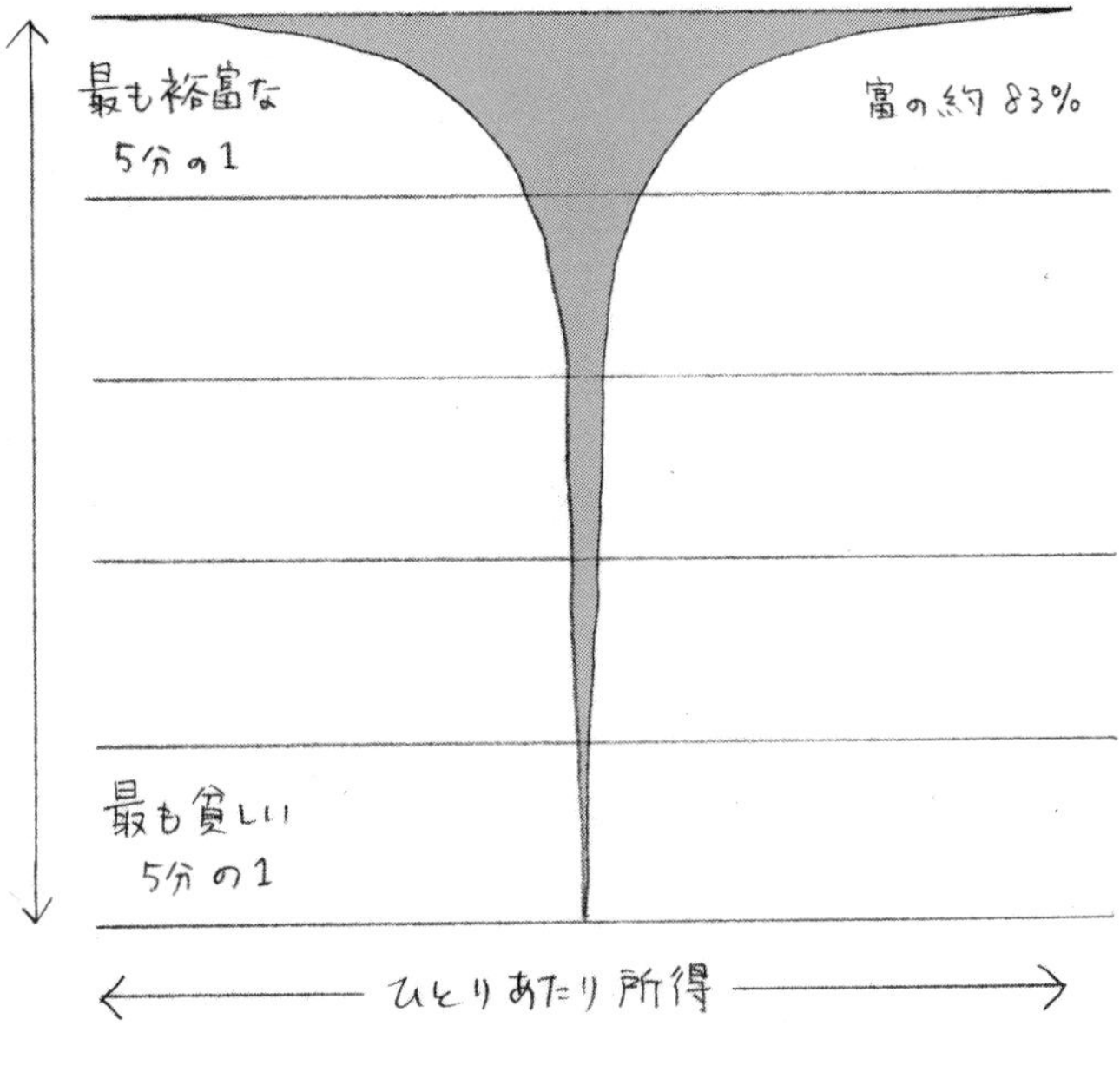

世界の所得：世界全人口の分配状況（2000年）

国連開発計画『人間開発報告書 2005』より
富の分布は、私たちが食べもの（国際商品）を買ったときに払うお金の行き先とよく似ている。

です。

たとえば、ブラジルは世界トップクラスの農産物輸出国ですが、貧富の格差が大きく、輸出用作物ばかりをつくっているので、国民の一割のおよそ2千万人は栄養不良の飢餓状態にあります。おなじように食料輸出大国アルゼンチンも生産される農産物に占める輸出作物の割合が高く、国民の3分の1が貧困層で栄養不良状態にあります。

歴史的にみても近年、世界的に食料品の国際価格が上がり、貧しい国の人びとは追いつめられています。あとでお話ししますが、2007～08年にかけて、食料の国際価格が急激に上がり、貧しい国々で人びとは食料を買えなくなり、暴動に発展しました。

——そんなことがあったんだ。

はい。食をめぐっては経済力のある国々が貧しい国々にたいする影響力を強めています。そして、今あらたな形の収奪戦がはじまっています。07～08年の食料価格の高騰をきっかけに、食料を農地の形で確保しようと海外に進出する国や企業がめだってきたのです。

国際協力NGOによる『世界から飢餓を終わらせるための30の方法』（ハンガー・フリー・ワールド編著、勝俣誠監修、合同出版、2012年）によると、国連食糧農業機関（FAO）

の推計では、2009年までの3年間、アフリカ全体で少なくとも日本の全面積の半分以上に匹敵する2000万ヘクタールの土地が外国企業に買収、またはリースされているそうです。

また、世界銀行の報告によれば、2008年10月〜09年8月の10ヵ月間に大規模な買収や長期リースの対象となった農地の規模は、報道されている取引だけでも世界全体で4660万ヘクタールにのぼるそうです。これは日本の全面積の1・2倍以上、日本の耕作地面積のおよそ10倍の規模となります。

エチオピアはいまでも食料不足になやまされている貧困国です。過去40年間、国際社会からの食料支援を受けつづけています。2009年に干ばつに見舞われたさいも政府は国際社会にたいして620万人分の食料支援を要請しました。そうした国に、外国人がやってきてその土地を使って食料を大量生産して国外に輸出する、という矛盾したことも現実に行われています。

食料支援を受けている国が食料を輸出している

——それ、ぜったいおかしい！

そうですね。おかしいと思います。次に世界規模の食品の流通、販売のしくみについて、すこし別の角度から見てみましょう。

今日本に住んでいると、食べることは次のように思い描けるでしょう。アメリカの土地で育ったトウモロコシ（飼料）を食べたニワトリや豚や牛を食べること、遠い海域で獲れた魚を素材にオーストラリア産の小麦粉をつけてアジアで加工したフライを食べること、熱帯地域で栽培されたパームヤシの油で揚げたオーストラリアで育った牛の肉のカツを食べることもめずらしくありません。あるいはちょっと奮発《ふんぱつ》すれば、熱帯地域で育ったカカオやバニラビーンズを原料にヨーロッパでつくられた高級チョコレートを食べるなどもむずかしいことではありません。

生物世界の「食物連鎖」では、その範囲は生息する地域に限定して成り立っていましたが、今の私たちの食物連鎖の範囲は地球大に広がり、複雑です。1960年ごろまでとはだいぶ違ってきましたので、これをカタカナ表記で「フードチェーン」と呼んで区別することにします。

今日のフードチェーンでは、地球の表面で最初に食べものが生産されてから、私たちの口に入るまで、「生産」→「輸送」→「加工」→「流通」→「販売」→「消費」→「廃棄」と長い距離、多くの過程を経ています。このフードチェーンを維持するために、多くのインフラ（輸送経路や設備）が必要ですし、そのための資源、エネルギー、労力が多く投入されています。

――だから、最初の生産者よりそれ以外のところに払うお金が多くなってるんだね。

そのとおりです。世界中の安い農産物を大量に取引するには、世界各国の生産情報や輸送インフラについてよく知っている専門商社が大きな役割をはたします。とくに大量の穀物をあつかう商社を「穀物商社」といいます。1970年代はじめに食糧危機（危機についてはのちほどお話しします）がおきて、穀物貿易のあり方が大きく変わりました。アメリカに本拠を置くカーギル社はじめ、危機に素早く対応できたごく少数の穀物商社によって世界の穀物取引が集中して扱われるようになりました。

その結果、これらの穀物商社は価格が上がるチャンスを利用して膨大な利益を蓄積しました。危機の後、穀物の生産が増えて価格が低下する中で、流通にかぎらず、生産資材の調達から食肉加工、加工食品の製造にまで経営の多角化や資本提携《ていけい》を進め、食べものの最初の生産現場から私たちの手にとどくまでを手掛けるようになります。巨大な農業・食品会社に成長したこれらの会社は「穀物・食品メジャー」と呼ばれます。

そうして、今ではこうした少数の巨大な会社が食料を効率的に調達することで、世界のフードチェーンの多くを担っています。あなたがさっき気づいたように、このことは私たちの食生活で加工食品の割合が急増し、食品への支出のうち多くを加工品やサービス関連に払っていることと密接に結びついています。

現在、穀物、コーヒー、紅茶、バナナ……など農産物取引の大半は20社ほどの大企業が行い、小売ではアメリカに本拠を置くスーパーマーケットチェーンのウォルマートを筆頭に、巨大食品小売業者の上位10社が、世界の食品市場の約4分の1を占めています。

――世界で上位10社ってどれだけ大きいんだろう。

簡単には想像できないくらい大きいですね。ウォルマートの年間売上げは、スペインのGDP（国内総生産）を上回ります。

日本には世界中からさまざまな食べものが集まる豊かな食があるという話をしてきました。お店には選びきれないほどのいろんな種類の食品が並んでいます。その数は平均的なスーパーでは約2万5000種類にのぼり、コンビニでも平均2500種類だそうです。また、年間に2万種を超える飲料・食料品の新製品が生み出されています。

スーパーには2万5000種類も食品が並ぶけど材料を輸入しているのは少数の商社

――そんなにたくさん？

そうです。買い物するときは何種類あるか数えたりしませんが、膨大な数ですね。たとえば、コンビニでお昼ごはんを選ぼうと思うと、お弁当だけでも、牛めし、焼肉、カツカレー、ハンバーグ、生姜《しょうが》焼き、から揚げ、オムライス、チキンカレー、親子丼、とんかつ、フライ……などなどたくさんの種類があるほか、スパゲティや蕎麦《そば》、うどんもありますね。おにぎりもツナマヨ、明太子、鮭、たらこ、いくら、おかか、高菜、昆布、わかめなどの定番からベーコン、チーズ、ソーセージ、から揚げ……具の種類がいっぱいです。チャーハンやチキンライス、いなり寿司、手巻き寿司などもありますね。同じようにサンドイッチにもたくさんの種類がありますし、調理パンもいろいろあります。

さらに、これらに使われている食材を数えようとすると気が遠くなるほどの種類にのぼります。このように、食べているものはたくさんの種類を食べているのですが、じつは、原材料の流通の輸入部分は少数の大きな商社が扱っているのです。

最近では「スローフード」や「ロハス」という言葉も一般的になりました。健康で持続可能なライフスタイル（ロハス）を重視する人が増えて、農薬も化学肥料も使わないオーガニック（有機）の野菜や果物、それらの加工品などの人気が高まっています。オーガニック市場が急速に広がっていますが、じつは、地域の小規模な業者が次々と巨大食品関連会社の傘下《さんか》に入っていて、オーガニックの世界でも少数の巨大な会社による流通の集中化が急速に進んでいます。

また、第3章で野菜の品種の数が限られてきていて、毎年種を買って植える「交配種(F1)」が多くなっているとお話ししましたが、その種子の販売では、上位10社が世界市場の約半分を占めています。

この章では、私たちの食を支える農業生産の分野でも、主要な穀物や商品作物を中心に、国際的な貿易と市場競争につよく組み込まれてきたこと、「国際分業」が進んでいる様子をみました。農産物の生産には種が欠かせませんが、その種も改良品種におき変わるにつれて、その多くを少数の巨大種子会社が供給するようになってきました。新品種の開発は、巨額の研究投資によって実現しますが、それを担う種子会社を農薬や化学肥料を開発してきた巨大企業が傘下に組み込んでいるのです。

このように、私たちの食料生産を支えるしくみは、グローバル化と効率化が進み世界市場に組み込まれるなかで、どんどん巨大企業の傘下に置かれるようになりました。

そうした中、フェアトレード(公正貿易)運動が豊かな国々を中心に広がっています。貧しい国の生産者が生活できる価格の保証や、環境保全を実現するための直接取り引きのしくみです。まだわずかですが、日本でも取り組まれています。

――フェアトレードが増えるといいね。

そうですね。

全体としては、スーパーやコンビニにはたくさんの種類の食べものが並び、レストランやお惣菜屋さんにも和・洋・中さまざまなメニューが揃《そろ》っていて、食べることの選択肢はいっぱいあります。オーガニックの食品も選びやすくなりました。けれども見た目の多様化とは反対に、世界規模で農産物の国際分業化、品種の減少、巨大企業による集中化が進んでいるのが今日の世界の食をめぐる状況です。

それは、生産性を向上させ、価格の低下を実現させたことで、経済的合理性からみれば効率化が実現できたともいえます。おかげで、今の日本の豊かさが実現しています。けれども環境面や、社会、文化面など金銭的に測れないところで、大きな損失や矛盾を増大させている面もあり、それがこれからの世界の「食」のリスクにもなっています。

次にそのリスクについてもう少し考えていきましょう。

2 これからどんなリスクがあるの？

――これからのリスクって？

これから、食をめぐってどんなリスクがあるのかを考えるために、まずは第二次世界大戦後からくりかえされてきた食糧危機をたどってみましょう。

第二次世界大戦後まもなくは世界的に食料が絶対的に不足していて、生産の拡大がめざされました。化学肥料と農薬を使用して、収穫量の多い品種によって生産量を最大化する農業の近代化が進められました。日本で行われた近代化と同じことが世界的にも行われていたのです。なかでも１９６０年代ごろからいわゆる「発展途上国」において展開されたこのような近代化は「緑の革命」と呼ばれています。小麦、稲の収量の多い品種が世界各地で栽培されるようになり、とくにアジア地域は高い普及率で拡がって、インドでは小麦の生産量は20年間に約4倍にまで伸びました。

――4倍ってすごいね。

はい。もっとも「緑の革命」の恩恵を受けられたのは、灌漑《かんがい》施設、肥料、農薬、種子を購入できる富裕層だったので、貧富の差を拡大しました。また、品種の画一化や、農薬による環境汚染や化学肥料のやりすぎによる土壌荒廃など、生態系の破壊が進むという側面をともなっていました。

世界的に農業の近代化が進んで生産量が増えると、食糧が絶対的に不足することはなくなってきたのですが、国際的な貿易が拡大していくなかで、今度は構造的・質的な食糧危機が生じてきました。貿易による影響が大きくなったのです。そのことを象徴する出来事が、1970年代初頭の食糧危機です。

この危機のきっかけは、世界的な天候不順でした。1972年に旧ソ連（今のロシア）の小麦が干ばつによる不作に見舞われ、ソ連が小麦を大量に輸入したことで国際的な穀物価格が上昇しました。世界の穀物の需要と供給の余裕がなくなったこの時期、1972～73年には太平洋の一部で海水温が上がるエルニーニョ現象で、ペルー沖のカタクチイワシが不漁となり、その多くが家畜の飼料（タンパク源）として利用されていたので、タンパク源の飼料不足が深刻化しました。

そのため飼料価格が高騰する中、飼料として大豆と大豆粕《かす》（大豆から油を抽出したあとの搾りかす）の需要が高まったために、大豆が極端に足りなくなり、大豆価格が急騰しました。当時、アメリカが世界の大豆輸出の8〜9割を供給していましたが、大豆は国内でも飼料として食肉産業にとって重要なものでしたので、アメリカは国内の需要を優先して輸出を禁止しました。その結果、多くの国々が影響を受けましたが、とくに大豆の多くを輸入に頼っていた日本では豆腐や味噌・醤油の値段が2〜3倍に急激に値上がりして大豆パニックがおきました。1973年のことです。

――ロシアでおきた干ばつや天候不順から、ドミノ倒しみたいにつながって日本では大豆パニックがおきたんだね。

そうです。国際的な需給バランスの不安定化が思いがけない連鎖を生んで、世界各国の食料品が値上がりする事態がおきたのです。

この1973年はちょうど石油ショック（原油価格の高騰）とも重なったことで、人び

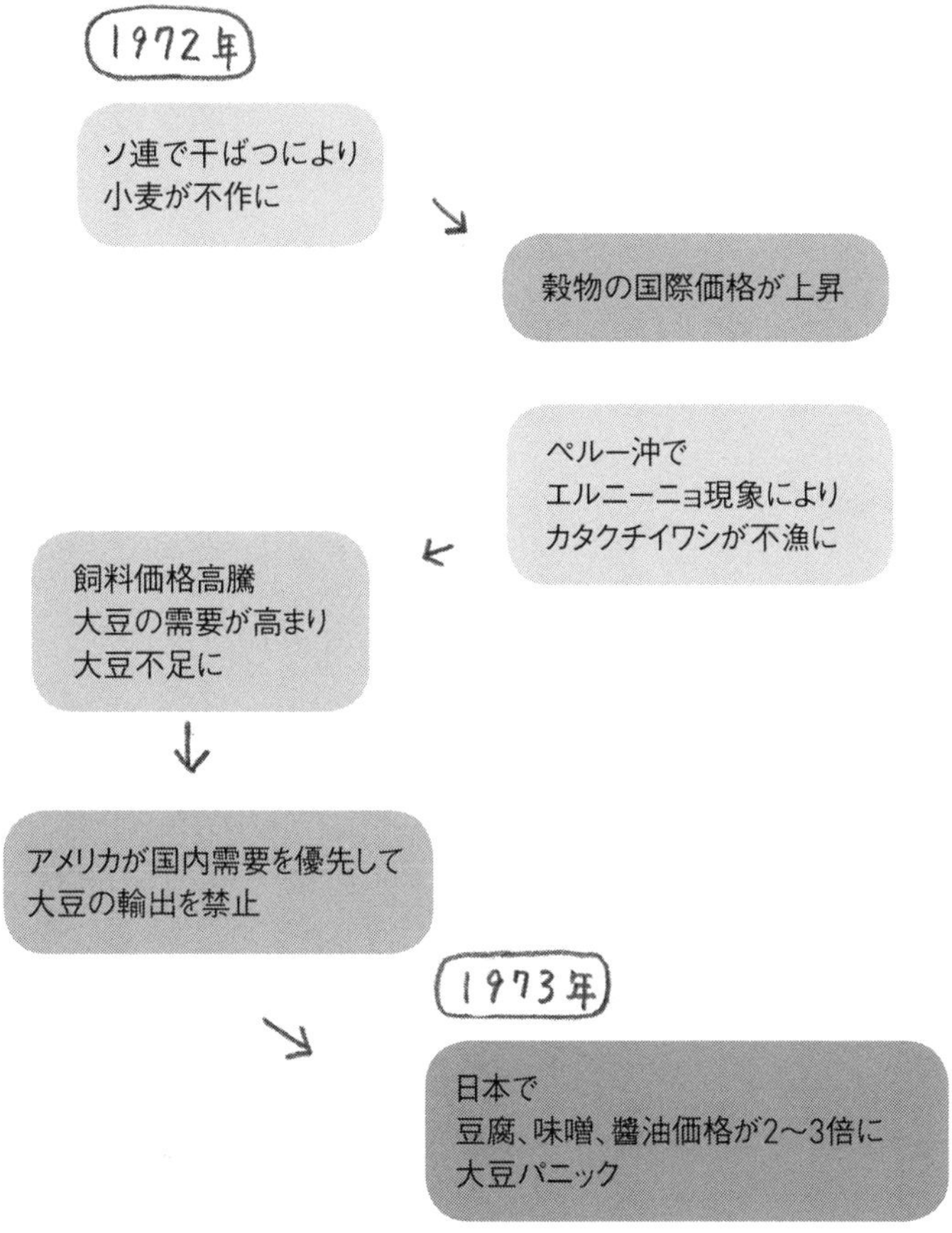
1972年
ソ連で干ばつにより
小麦が不作に
穀物の国際価格が上昇
ペルー沖で
エルニーニョ現象により
カタクチイワシが不漁に
飼料価格高騰
大豆の需要が高まり
大豆不足に
アメリカが国内需要を優先して
大豆の輸出を禁止
1973年
日本で
豆腐、味噌、醤油価格が2〜3倍に
大豆パニック

食料危機の第1の波

との生活が大きく翻弄《ほんろう》される大事件となりました。さまざまな要因が重なりあって、波及的にパニックがおきる食糧危機の第1の波の典型的な例でした。

その後は農業の生産体制が強化されて、1980年代くらいからは、生産量としては需要よりも少し多いくらいを保つようになりました。ところが、第1の波のパニック的な食糧危機とは異なる矛盾があらわれてきました。それは、絶対的な食料生産量は確保されているのに、人びとが飢餓と食料不足に苦しむ国々が生まれる「飽食と飢餓の並存的状況」と呼ばれる矛盾、すなわち、先ほどお話しした「国際分業」による矛盾です。

輸出する作物の栽培を優先したために、食べるための作物を自給栽培できなくなった貧しい国々では、国際的な食糧価格の影響をつよく受けます。輸出作物を売っても、十分な食料を買えずに飢えがおきている、これが静かなる食糧危機とでも呼ぶべき第2の波です。

安いものを他から買って、より高く売れるものを販売することで総体的に経済的豊かさを実現するというのが経済合理主義です。この国際分業の考え方では、往々にして、大金を手にできる人と損を強いられる人を生み出しやすく、貧しい国での貧富の格差拡大や飢餓問題の要因となってきました。

社会的な不平等を生じてしまうという意味では、公害問題などと同じような、社会的に

輸出作物を売っても十分な食料が買えないという食糧危機

弱い立場の人が不利益を受ける問題としてとらえることができます。

――国の間だけでなく、国の中でも食べられる人と食べられない人ができるんだね。

そうですね。その後の近年の状況は食糧危機の第3の波としてとらえることができます。この危機の形では、さらにいろいろな要因が重なりあって問題が進行しています。グローバリゼイションが進行する今日の世界では、かつてないほど世界各国はお互いに依存し、密接に結びついていて、ちょっとした出来事や不安定な事態が思いのほか大きな波紋を引きおこしやすい状況にあります。

そのひとつの要因に、じっさいのものの売買から離れて、基本食糧である穀物が投機《とうき》（マネーゲーム）の対象となったことや、作物がバイオ燃料として利用されるようになって、農産物の市場がエネルギー市場と競合するようになってきたことがあります。

世界中の農産物などをじっさいに売買するところは「国際商品市場」といって、シカゴの穀物市場が代表的です。それとは別に、金融関連商品（各種証券、株式、債券、為替ほか）を売り買いする金融関連の取引があります。なかでも金融市場の規模は商品市場よりも圧倒的に大きく、株式市場でおよそ7200兆円、債券市場ではおよそ5500兆円という巨大なお金がうごくのにたいして、シカゴ穀物先物市場は数兆円の規模です。

――そんなに違うの？　穀物市場は株式市場の1000分の1規模ってこと？

はい。穀物市場は規模が小さいので、金融関連のちょっとした資金の流れにも大きく影響されてしまい、取引価格が激しく上下してしまいます。

2000年代初頭、世界経済が金融取引の活発化で上向きとなり、金融部門の投機的なお金が穀物市場に流れこんで穀物価格の上昇をまねいて、07～08年の食糧危機を引きおこしました。第4章－1でお話しした危機がこれにあたります。世界経済が、モノの取引（実物経済）よりも金融部門（マネー経済）を肥大化させてしまったツケは、その後につづく世界的な金融危機をひきおこしました。

2007～08年におきた世界食糧危機のさいには、途上国を中心に30数ヵ所において、大小さまざまな政治的混乱がおこりました。各地でどんなことがおきたか、少し詳しくみていきましょう。

カリブ海のハイチ共和国では、食料価格の高騰に抗議して暴動が次々におきたため、首相が解任されて政権の危機をひきおこしました。ハイチでは、80年代半ばには国内で消費される米のほとんどが国内産でしたが、その後貿易自由化が進行すると「マイアミライス」と呼ばれるアメリカ産の安い米が大量に輸入されて国内消費のほとんどを占めるようになっていました。国民の8割以上が1日1ドル以下でくらしているハイチの場合、輸入米の値上がりは死活問題となり食料暴動につながったのです。

アジアにも影響がありました。米を輸入に頼るフィリピンでは、価格高騰にたいして混乱が広がり、政府が緊急にベトナムから輸入した政府米を安く直接販売するなど対策に追われました。フィリピンにおいても、米の自給生産が軽視されていて、生産性の高い優良な農地や水田が、産業用地やバナナやオイルパームなどの輸出用作物の栽培に転換されていました。

エジプトでも、食料品が倍以上に値上がりしたことでストやデモがたくさんおきて、長年にわたって独裁体制をしいていた当時のムバラク政権が揺さぶられました。この後、2010年に再び食料価格が高騰したなかで、中東に広がった民主化の波がエジプトにも波及し、ムバラク政権は瓦解《がかい》しました。

——食料価格が上がっただけで、そんなたいへんなことになったの？

穀物は主食ですから、買えないと絶対的に困ります。穀物を輸入にたよっている貧しい国々では、家計に占める食費の割合が6〜8割にものぼります。食料価格の高騰はまさに生死にかかわる問題なのです。

その影響は深刻で、中米では、2007年の1年間に小麦とトウモロコシの値段がおよそ2倍に上昇した結果、エルサルバドルの農村地域の平均的なカロリー摂取量は、価格高騰前の06年5月と比べて4割減少したことが国連世界食糧計画（WFP）の調査で明らかにされました。

——4割も？

はい。WFPのシーラン事務局長は、設立45年来の最大の危機であるとの見解を表明しました。当時の世界人口の8分の1、約8億5000万人が飢餓に苦しんでいましたが、WFPによるとこの食料価格の高騰によって、さらにその数は1億人以上増えたといわれています。

——貧しい国の人びとがいつもひどい目にあわされるんだね。

日本にとって、貧しい国の苦境は他人事とはいえない

はい。けれども、これらの国々がおちいった苦境はけっして他人事《ひとごと》ではありません。日本もまた、農業の国内生産が低迷して大量の食料を外国にたよっています。政府は主食の米だけはなんとか国内生産を維持してきましたが、農家の高齢化が進み後継者がいない深刻な状況についてはすでに話しましたね。

そのうえ、日本は多額の借金（政府財政の巨額の赤字）を抱えています。海外からの食料輸入は今後もっと増えそうですが、いつでも買える状況がつづくかは心配です。農産物など食料が投機の対象となってひきおこされた２００７〜08年の食糧危機ののち、さらに、農地そのものが投機の対象となってきていることは、お話ししたとおりです。途上国でおきた食糧危機が、そのまま日本でおきるとは考えにくいですが、国内の農業の根幹が大きく揺さぶられている状況は、途上国と同じだと思います。

――脅してない？

もちろん脅すつもりはありません。

けれども、現在の金融に傾いた経済（マネー経済）の先行きは、どうなるのか見通すこ

とはできません。気候変動などによって農業生産が不安定になることも心配されています。さらに近ごろの国際政治の状況はリスク要因が大きくなり、世界経済の根底を揺るがせています。

このような時代にあって、過去にくり返されてきた食糧危機が示す教訓から、私たちは何を学ぶべきでしょうか。どうも、これまで日本の成長戦略であった加工貿易立国の前提、すなわち資源、エネルギー、食料がいつでもどこからでも安く手に入る時代は、終わりかけているということです。

――これまでの前提が前提でなくなってきてるの？

そう言えると思います。今の時代は、さまざまな局面において転換期にあるようです。国連の人口統計によると、２００８年から09年に、世界全体で都市人口が農村人口を上回りました。つまり、世界規模で食料の消費人口が生産人口を上回ったことを意味しています。大きくは工業化や都市化の波がグローバルに広がって、世界全体をまきこんで進行してきたためです。国際的な分業と貿易の自由化がその後押しをしてきました。その結果、食料の生産と、消費構造が根底から大きく変化しています。

世界規模で、
食料の消費人口が生産人口を上回っている

先に、世界大に広がった人間の食物連鎖を、フードチェーンという言葉で表現しました。それとは別に、国際的な分業と貿易によってグローバルに展開する食料生産・消費構造を「フードシステム」と呼ぶことにします。これまでの推移をみると、このフードシステムは、これからもよりいっそう、少数の巨大穀物メジャーや巨大流通・商業資本（スーパー）の支配下に組み込まれていくことになるでしょう。農業・農村はますます衰退していき、食料が商品として国際的な貿易品目に組み込まれ、お金儲《もう》けの手段に取り込まれていく現実は今後も進行していくでしょう。

――やっぱり脅されてるような気がする。

いいえ。むしろこのような状況については、〝もう一つの別の道〟を展望するチャンスととらえられると思いませんか？　このことについては第5章でお話ししましょう。

さて、また怖がらせてしまうかもしれませんが、食糧危機とは別の、今のフードシステムがもたらしている大きなリスク、すなわち多様性が失われていることについてお話しします。

地球上の生物種は、現在わかっているだけで175万種ほど、微生物を含む未知の生物種を含めると、その10倍以上の種が存在していると考えられています。約40億年前に誕生した地球の生物は、進化を重ねながら種を爆発的に増やし、多様性を広げて、それによって環境の変化に対応し、新たな発展と創造の源になってきました。

ところが、国連環境計画（UNEP）などによると、世界の生物種のかなりのものに絶滅のおそれがあり、哺乳類《ほにゅうるい》の5分の1、鳥類の8分の1、両生類の3分の1が絶滅危惧《きぐ》種になっています。日本でもすでに、明治以降、開発や狩猟などで、ニホンオオカミやニホンアシカなど、わかっているだけでも57種の動物や植物が絶滅しました。現在、植物でも約16％が絶滅の危機に直面していると考えられています。身近な植物では、「秋の七草」として親しまれてきた植物のうち、フジバカマ、キキョウ、オミナエシの3種が絶滅危惧種に数えられています。

――どうして動物や植物が絶滅することが人間にとっても危機なの？

地球上の生物多様性の喪失が意味することは、たとえるなら、食物連鎖をふくむ生態系が織りなす多種多様な連鎖のつながり、複雑で巨大な織物がどんどん切断されて穴があきだしている事態です。多様性によって進化してきた地球史上の生物の土台（相互依存関係）そのものが崩壊してしまうかもしれない危機なのです。

なかでも、人間の生存に直接かかわる食料資源の多様性の破壊が深刻です。種子植物など50万種もの高等植物種のうち、人間は長年の歳月を費やして約7000種ほどを栽培植物としてきました。1960年代ごろからより多く収穫できて、より商品価値の高いものが選抜され、今日では約30種の作物に人類の全カロリー摂取量の90％を依存するまでに集中してきました。その大半が小麦、米、トウモロコシの3大穀物です。大型の家畜で言えば、家畜化された14種のうち、牛、羊、山羊《やぎ》、豚、馬の5種が大半を占めています。

――世界全体で、作物30種、家畜5種というのは、たしかに少ないね。

そうですね。そのなかでもよりすぐれた品種（スーパー品種）への一極集中が、急速にたかまっています。日本の例でみれば、お米では現在つくられている多様な品種（約100種類）のうち、食味がよいコシヒカリなど特定の品種への集中が進んできました。栽培面積で比較すると、コシヒカリ（37％）を筆頭に、ひとめぼれ（10％）、ヒノヒカリ（10％）、あきたこまち（8％）など上位4品種で65％を占めています（2010年）。

野菜でも、かつては地域的に多種多様な品種が食べられてきましたが、大根では青首大根、トマトは桃太郎、キャベツもグリーンボールという特定の品種に特化する事態となっています。あまりに画一化してきましたので、最近はトマトやピーマン、ジャガイモなどでは、いくつかの品種が店頭にならんだり、「交配種」ではない「在来品種」の見直しの機運も生まれてきました。

多様性があれば、自然変動のリスク、環境変化に対応できる可能性の幅がひろがります。しかし、ひとつの品種ばかりになると、特定の条件がいいときにはいいけれども、その条件から外れてしまうと、それにあわない場合にはだめになってしまいます。

1800年代半ばにおきたアイルランドのジャガイモ飢饉の例は前にお話ししましたが、その後も1943年にインドの稲作地域で病気が蔓延《まんえん》してベンガル地方を飢饉におとしいれ、1946年には、ほとんど1種で占められていたアメリカのカラス麦の大部分が伝染性の病気のために壊滅的な被害をうけました。1970年には、品種の画一化が進んだアメリカのトウモロコシに病気が広がり収穫量が減って価格高騰をまねくなど、たびたび被害にあってきました。

――それなのに、どうしてまだ特定の品種に集中してるの？

なにかあったときには困りますが、なにもなければ人気のある品種の方が収益性がいいからです。種子メーカーはがんばって研究開発していいものをつくっているのですが、優れたものが開発されるとそれが他を圧倒してしまい、一極集中しがちになります。

しつこいようですが、地球上の生物は多様な相互依存関係が広がるなかで、いろいろな環境に適応して繁栄し存続してきました。生物種の絶滅や品種の多様性を失うリスクについては、国際的な研究機関や種子メーカーなども考えていて、リスク管理として遺伝子バンク（種子や遺伝子を貯蔵する銀行）などをつくっています。安定した環境である北極に近いところにも巨大な遺伝子バンク（世界種子貯蔵庫）があって、なにかのときにはいろいろな遺伝子を供給できるようにしています。

リスクがあっても収益性のいい品種ばかりがつくられている

こうした遺伝子バンクは国や国際機関で持っていますから、そういうところで遺伝子資源の保全があるから大丈夫、という考え方もあります。ただし、これは実験室的な環境で冷温状態での人工的な管理、保存、いわば生命活動を休眠状態にしての保存です。特定の品種を選び抜き集中して利用するいっぽうで、人工の遺伝子貯蔵庫で遺伝子情報を保管しながら、なにかのときには人工的に対応するということですが、これでほんとうに大丈夫かどうか。北極に近い遺伝子バンクでは、貯蔵庫が設置されている永久凍土が、最近の気温上昇で溶け出し、対策に追われているそうです。

いっぽう、自然界では生きている活動として自然に引き継がれています。自然のなか、人びとの生活、農の営みのなかに、多様な遺伝子が生きつづけて継承されているのです。これはある意味で私たちの未来をどう構想するかの選択の問題ですが、先行きの見通しは不透明です。

ところで、聞きなれない言葉ですが「自己家畜化」という言葉があります。人間が自然を手なずけてきた典型的な例が、作物や家畜です。家畜は人間なしには生きてゆけない存在ですが、その家畜を自分自身（人間）にみたてた考え方が自己家畜化という言葉です。

――エサと環境をセットされたなかで生きているということ？

そうですね。畜産の場合、エサをあたえて、環境を管理して最後は人間の食料にします。上手に飼いならすという点では、人間のフードシステムも、ある意味で人間が人間自身をうまく管理していくような制度、しくみとして発達しつつあって、快適な世界が実現されています。そういう世界はそれで安定しているかもしれませんが、生き物の多様性や自然界の長い進化の安定性から考えると、もしかすると進化の袋小路に自分で自分を追い込んでいるのかもしれません。快適性を追求するあまり、画一化が進み多様性を失っていく。「自己家畜化」という考え方は、そういう近未来像をイメージするのに役立ちませんか？

――話がＳＦになってない？

今の現実の世界も、じっさいのところＳＦ的な世界になってきています。

たとえば、人間の味覚はだいたい決まっていますから、その味覚にあうさまざまな香料や味覚品をあわせればどんな味でもつくれるそうです。カップ麺やスナック菓子や、チョコレート菓子、清涼飲料などにも「○○味」と謳《うた》った新商品が次々につくられていて、いわば仮想現実が食の世界でもどんどん広がっています。微妙な味の違いを感知する味覚センサーは広く普及していますし、人工知能（ＡＩ）がもっと発達していけば、将棋《しょうぎ》や囲碁の名人を超えたのと同じように、将来ＡＩスーパーシェフのウルトラ絶品料理も話題を呼ぶかもしれません。

――そうかなぁ。

では別の例をあげましょう。近年、「植物工場」が日本でも数多くつくられていますが、完全屋内で人工照明と肥料や水を管理し工場製品のように野菜を生産するこの方法は、宇宙船コロニーなどSFでおなじみです。また、最近は「お腹の調子を整える」「脂肪の吸収を抑える」「健康増進」をうたった機能性表示食品もいろいろできていますし、病気などで普通の食事ができない人のために、それだけで栄養が摂れる栄養機能食品も開発されています。さまざまな分野で技術革新がおきていますから、そのうち3Dプリンターで食べものをつくれるようになるかもしれません。

すでに遺伝子組み換え作物が普及しているという話をしましたが、最近その技術が飛躍的に進歩しています。生命の設計図であるDNA（遺伝子）を改変するゲノム編集技術です。すでに超小型化された「マイクロ豚」がゲノム編集でつくられて、一部の国ではペットとして売られています。日本でもこの技術で卵アレルギー遺伝子をもたない鶏が開発されています。DNA自体を合成して人工生命を生み出す合成生物学の研究も盛んになっています。

人工的な快適さを求める流れと自然を求める流れがせめぎあっている

——ほんとに？　ちょっと怖い気がする。

そうですね。私たちは今後、地球で生きていくときに人工物で合理的に組み立てて、人工的な世界のなかで快適に生きていくという方向にいくのか、自然と折り合い、ときにがまんしたり、不便さを受け入れて、できるだけ自然のままを尊重するのか。どちらに重点をおくか、その選択をせまられていると考えることもできます。

昔は自然素材ばかりの生活でしたが、今ではプラスチック製品や鉄筋コンクリートの超高層ビルなどが普及しています。その一方で、そこでは生きづらくなって、自然とか手づくりがいいとか、都会では物足りなくて、もういちど田舎に戻るような動きも出ています。自然との直接的なふれあいの中での人間性を重視するのか、人工的な方向での人間性を重視するのか。今この時代はそれぞれの流れがせめぎあい、ゆらいでいます。食についても、私たちの生き方の道筋がどっちに向かうのかということで、ひっぱりあいがつづいています。

たとえば、今では遺伝子治療が実用化されていて、日本でも受けることができます。遺伝子そのものに操作を加えて人間の遺伝子を改良することには、法律で歯止めがかけられていますが、治療という形ではすでにいろいろな形で遺伝子にたいする操作がなされています。長い目でみると、人間の遺伝子が人間の手によって変えられていく過程が進んでいくともいえるでしょう。
また、遺伝子そのものではなく人間の機能そのものに機械が入り込んできています。体内に埋め込む心臓ペースメーカーや人工内耳《ないじ》など人体の機能を補助する機器は広く使われています。義手や義足も精巧につくられてきましたので、これからは機械と人間が一体化する方向へと進むでしょう（いわゆるサイボーグですね）。今ではスマホが生活と密接にむすびついていて、すでにスマホ中毒（依存症）が問題となっていますが、そのうちにないと生きていけないのが普通になるのではないでしょうか。

――ちょっと待って。食のことからだいぶ離れてるよ。

そう思うのももっともです。でも、本書の冒頭でも話しましたが、食は人間と自然をつなぐ回路であり架け橋です。これからの食を考えることは、自然との向き合い方やどんな関係性を築いていくかに直結しています。そして、それは未来の人類のあり方にもつながっているのです。
ここでまた身近な話題に話をもどして、食べ方で変わる世界について考えてみましょう。

第5章

食べ方で未来が変わるの？

――食べ方を変えるって？

今のフードシステムの矛盾を減らそうという動きは、すでにいろんなところで始まっています。

たとえば、捨てる食べものを減らすとりくみです。

廃棄された食べ物のうち、食べられるのに捨てられた食べものを「食品ロス」と呼びます。日本では消費されている食料の3割（約2800万トン）が廃棄されており、そのうち食品ロスは年間632万トンにのぼります。国連世界食糧計画（WFP）が2014年に支援した食料援助量の2倍もの量です。

――コンビニやファストフード店で古くなったお弁当を捨ててるんでしょ？

はい。それもあります。「食品ロス」は「事業系ロス」と「家庭系ロス」に分けられます。2013年の推計では「事業系ロス」が330万トン、「家庭系ロス」が302万トンでした。

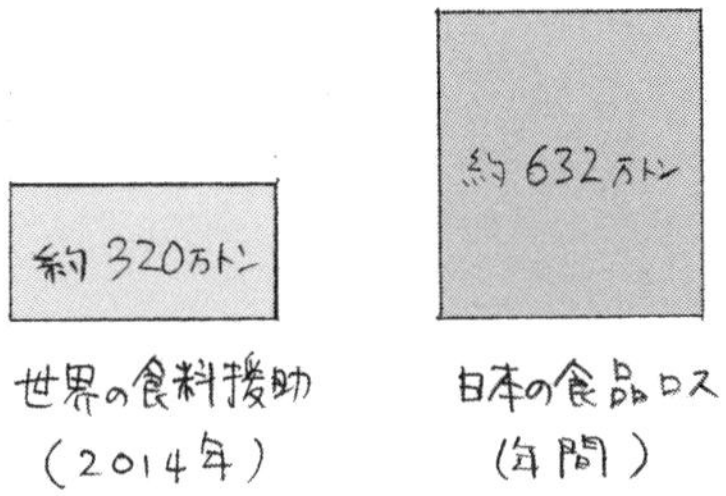
約320万トン
約632万トン
世界の食料援助
(2014年)
日本の食品ロス
(年間)

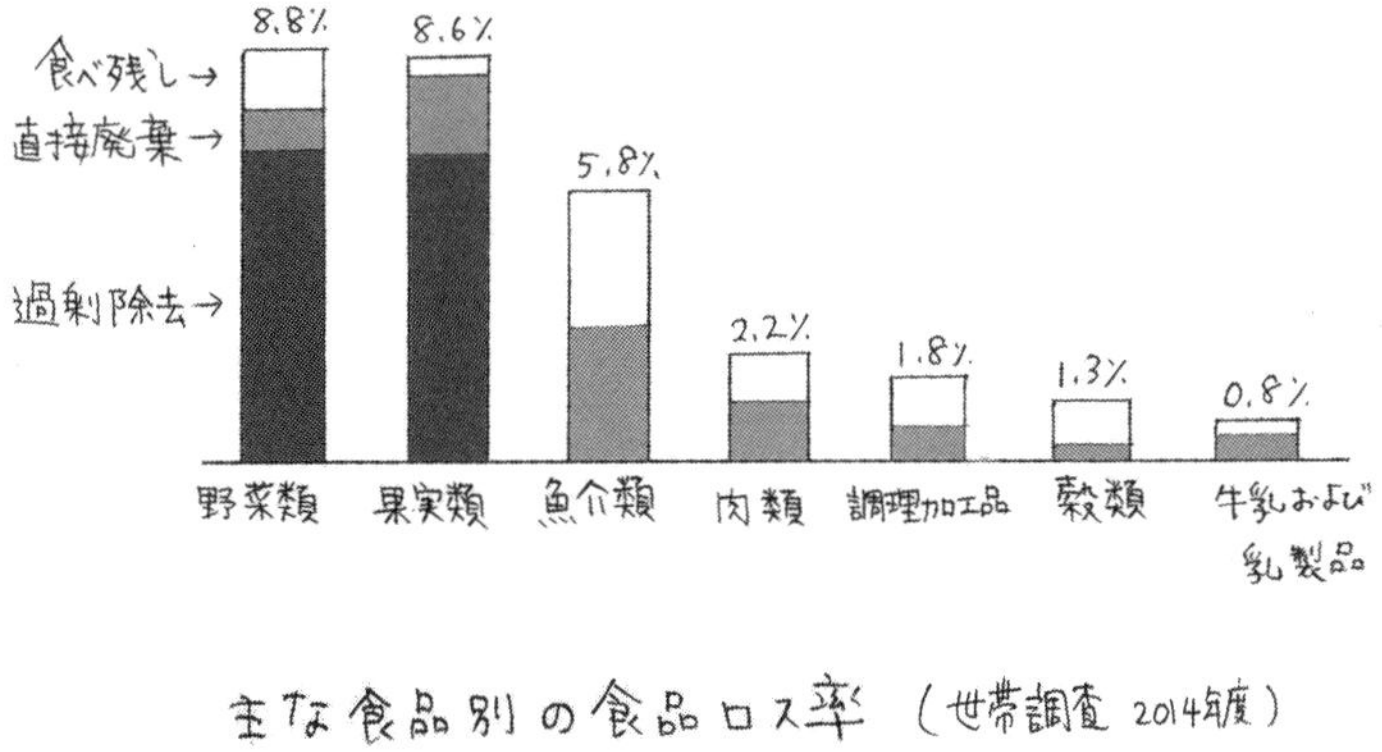
食べ残し→
直接廃棄→
過剰除去→
8.8%
8.6%
5.8%
2.2%
1.8%
1.3%
0.8%
野菜類
果実類
魚介類
肉類
調理加工品
穀類
牛乳および乳製品
主な食品別の食品ロス率（世帯調査 2014年度）

農林水産省資料より

――「家庭系ロス」が意外に多いのはどうしてなの？

「家庭系ロス」は食べ残しや、厚くむきすぎた野菜の皮、使わなかった大根の葉っぱのほか、冷蔵庫に入れたまま期限ぎれになって捨ててしまうものがかなりの量になります。「事業系ロス」は、コンビニやファストフード店で廃棄されるもののほかに、飲食店での食べ残し、食品会社の製造過程ででてしまう半端なところや不良品、容器に印字するときにミスしてしまったものや、容器に傷やへこみがあるもの、スーパーで売れ残って古くなって捨てられるものです。

――それって、捨てる分も私たちがお金を払ってるってこと？

そうです。私たちが支払うお金で、ロスの部分も間接的に補われています。経済的にもムダがあり、それは私たち消費者が負担しています。

スーパーでは、お客さんが欲しいとおもったときいつでも買ってもらえるように（売れるチャンスを逃さないように）、棚にはいつもびっしり商品が並べてあります。売り切れてしまわないように少し多めに仕入れるので、その分古くなって捨ててしまう分も多くなっています。

そこで比較的小さい規模のスーパーや、特色のある品揃えをしているようなスーパーの中には、ときどき売り切れてしまう商品があるけれど、古くなって捨てる分を減らすような仕入れの仕方をはじめているところもあります。

また、食品メーカーがスーパーなどに納入する製品は、だいたいどこでも製造から賞味期限までの最初の3分の1以内となっているのですが、このことが捨てる食品が多くなっている原因のひとつだと思われます。そこで、農林水産省が呼びかけて賞味期限の2分の1以内にしようという試みもはじまっています。

このほか、2007年に「食品リサイクル法」という法律が改正され、食品関連事業者に食品をリサイクルして食品ロスを減らすよう促しています。

——食品リサイクルって？　まさか調理し直すとかじゃないよね？

もちろんちがいます。食品リサイクルは、たとえばスーパーなどで惣菜《そうざい》をつくるときに出る野菜くずや魚のアラなどの食品の残《ざん》さをたい肥などに有効活用することです。そのたい肥を与えて育てた野菜をスーパーで販売したり、あるいは飼料に加工してそれを与えて育てた豚の肉をスーパーで販売したりというリサイクルです。このようなとりくみをはじめているスーパーもあります。

また、食品メーカーによっては賞味期限をのばすとりくみも進められ、製品の酸化を抑える技術や包装技術の向上などによって、マヨネーズやカップ麺などで賞味期限がのびています。

――食べられなくなるまでの期間が長くなれば、その分捨てずにすむもんね。

そうですね。ここで「消費期限」と「賞味期限」について整理しておきましょう。

「消費期限」は書かれた保存方法を守って保存していた場合に、「安全に食べられる期限」のことです。お弁当、サンドイッチ、生めん、ケーキなど、いたみやすい食品に表示されていて、過ぎたら食べない方がいいという期限です。だいたい製造後5日くらいまでです。

一方「賞味期限」は、袋や容器を開けないままで、書かれた保存方法を守って保存していた場合に、「品質が変わらずにおいしく食べられる期限」のことです。スナック菓子、

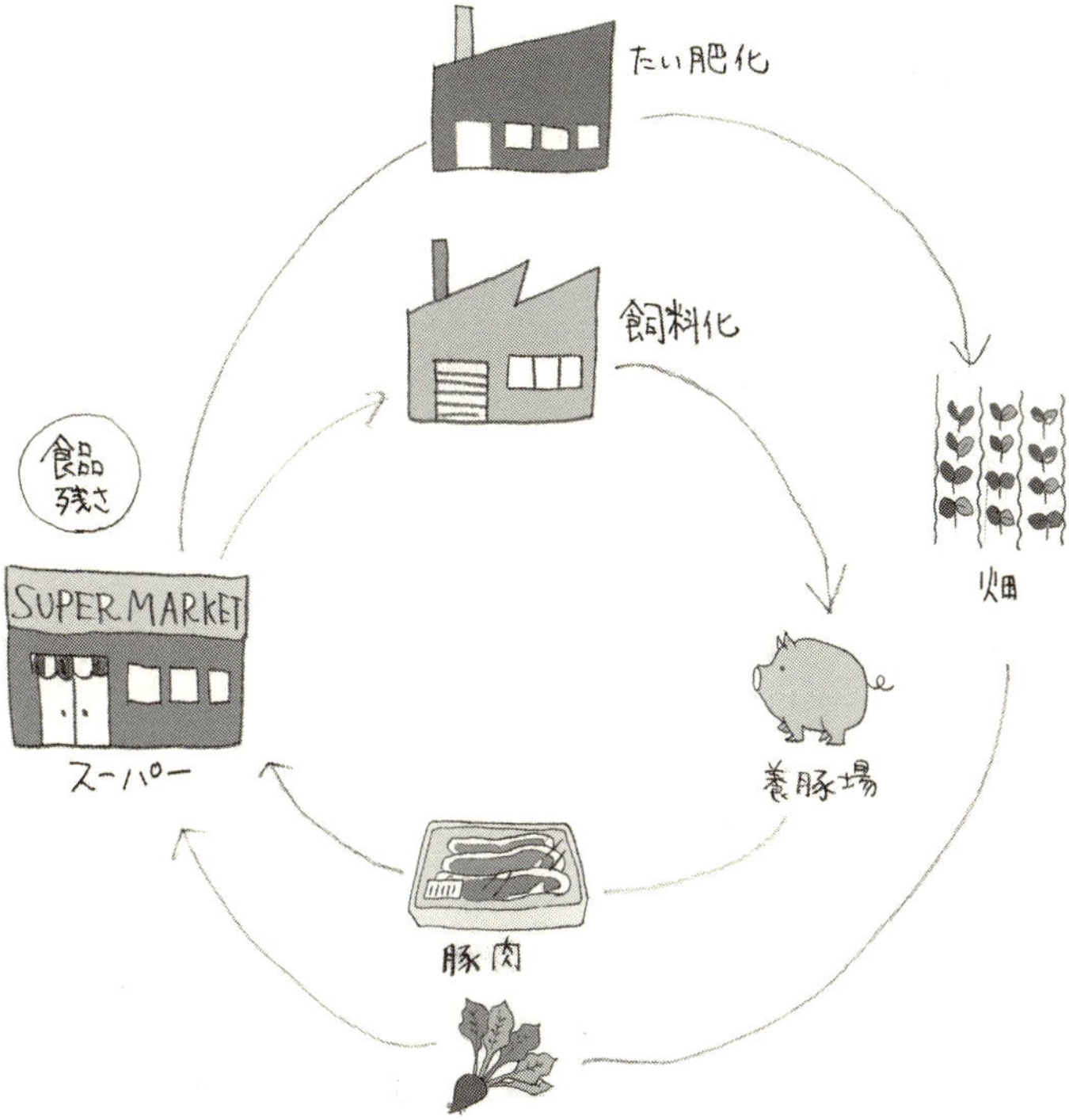

食品リサイクルでも、食品残さをたい肥や飼料にするときに、微生物が活躍している。

カップめん、チーズ、かんづめ、ペットボトル飲料など、日持ちする食品に表示されています。この期限を過ぎても、すぐに食べられなくなるわけではなく、色やにおい、味などをチェックして異常がなければ、まだ食べることができます。

いたみやすい食品の場合は「消費期限」、日持ちする食品の場合は「賞味期限」と使い分けされているのです。


――でも、食品ロスを減らしても、それで貧しい国々の人の飢えがなくなるわけじゃないよね？


そうですね。飢えで苦しむ人々が国内に身近にいれば、食品ロスを活用できますが、海外に運ぶことは別の意味でロスになります。しかし意識の持ち方や資源の有効利用については、これからの基本的な生活態度や産業形成として重要なことは確かです。

関連して「エコロジカル・ダイエット」（エコ・ダイエットと略します）という考え方を紹介しましょう。

ダイエットといえば、自分がスリムになるため、あるいは健康のためにするものですが、エコ・ダイエットは自分のためにも地球環境のためにもなるダイエットです。これまでお話してきたように、世界の食料を先進国が過剰に消費していて、貧しい国の人たちはかつかつの生活で十分な食料が食べられないこともあります。そういうギャップが広がっています。

だから、自分の生活を見なおそうというのがエコ・ダイエットです。食べすぎは自分の身体にもよくありませんし、食品を捨てれば環境に負荷をかけます。食べものを浪費している先進諸国がダイエットすれば、環境負荷も減らせて、自分だけでなく、地球全体のダイエットになる、自分の健康と地球の環境がつながるというものです。

エコ・ダイエットは自分のためにも、地球のためにもなるダイエット

じっさいにどういうことか、第3章-2で紹介した、1960年の食事と2017年の食事の例でみてみましょう。

1960年の食材はほとんど近郊でとれたものでしたが、今の食材は、多くが遠い国や地域から運ばれたものでした。長距離を新鮮なままで輸送するには、エネルギーがかかり、二酸化炭素（CO2）排出量も多くなります。今の食事を1960年の食事と比べると、輸送にかかるエネルギーは5・8倍、CO2排出量では6・6倍です。

耕作面積で比較すると、今の食事は国外の使用面積をふくめて3・2倍です。国外の農地の中には、貧しい国々の農地もふくまれていて、そういう国々では人びとが自分たちの食料を栽培できないで食べものが不足していることも多いことはお話ししました。

また、国産の野菜について生産するのにかかったエネルギーを比較してみると、今の食事は、CO_2の排出量が約8倍です。これは、「旬」ではない野菜を食べているためです。

旬は、その野菜や果物や魚がいちばんおいしい時期のことです。この時期の食べ物は、栄養価が高く、おいしいうえに、たくさん出回るため値段も安いので、旬のものを食べるようにすると自分の健康によく、経済的にもお得です。そして、栽培するときにエネルギーを多くかけることがないので、環境にもいいのです。それが基本なのですが、人々のニーズは多様ですので当然バラエティは出てきます。ただ季節はずれには、隠れたコストをもう少し意識する必要があるということです。

トマトを例にとって旬の時期とそれ以外の時期の消費エネルギーを比べてみましょう。なんと10倍もエネルギー消費量が違うのです（左ページのグラフ参照）。

遠い国々からエネルギーをたくさん使って食べものを運んできたり、ハウスや温室栽培などによって旬の時期をずらす食生活は、環境問題や資源浪費という点では、世界レベルで途上国にまで負荷を与えることにつながります。

また、肉食が多くなると、環境負荷が高くなります。

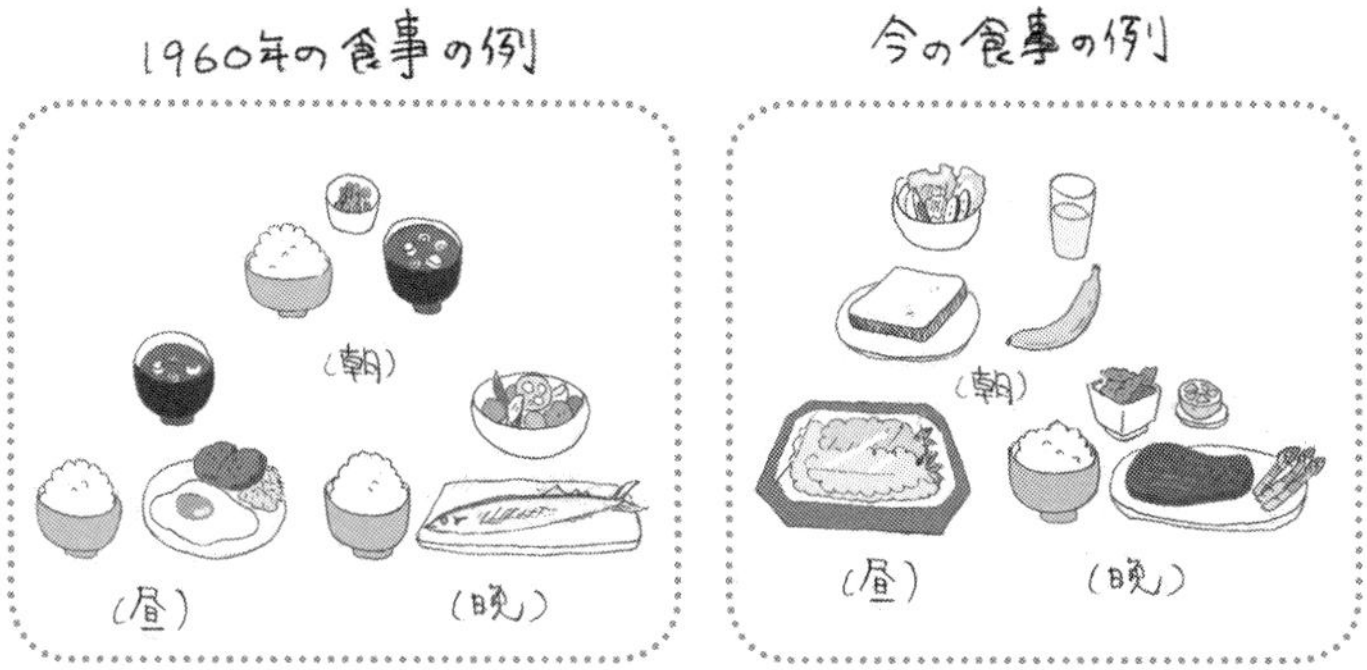

輸送にかかるエネルギー	1	:	5.8
CO_2排出量	1	:	6.6

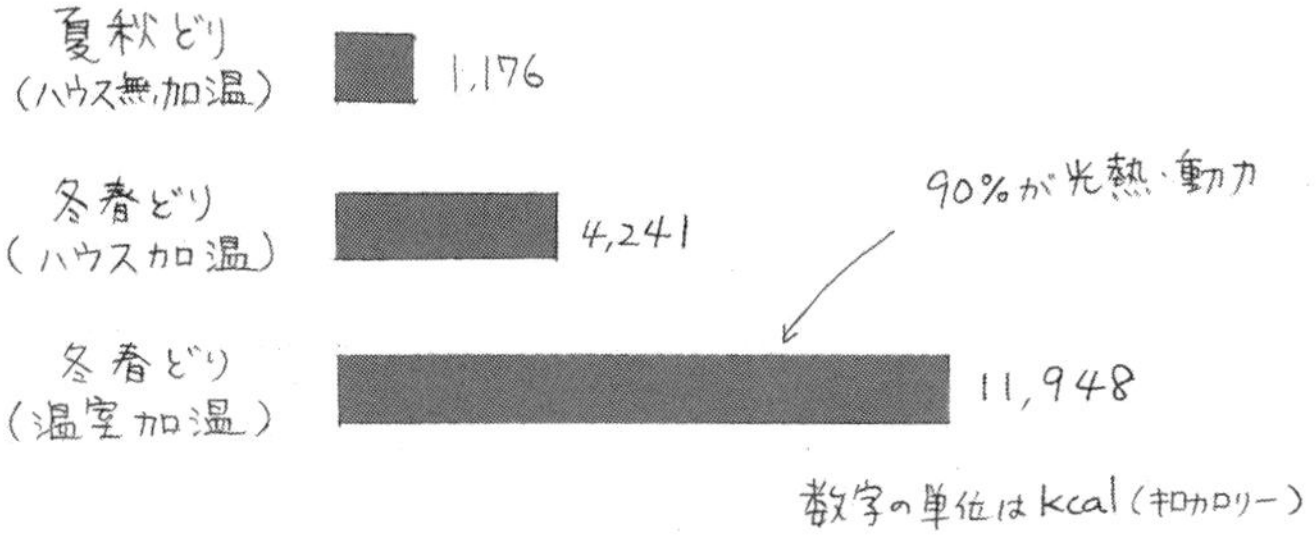

トマト1kgを生産するのに必要なエネルギー

(社)資源協会発行『家庭生活のライフサイクルエネルギー』より

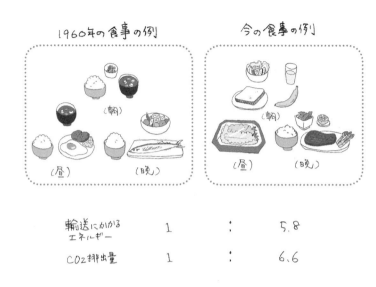

──どうして？

ひとつには肉の生産にはその何倍もの穀物が必要になりますから、その分多くの耕地面積が必要になることです。昔は荒れ地や牧野の草原を家畜が有効利用してきたのですが、今日では農地を使って飼料用の作物を栽培していますから、直接の食料（穀物）生産に利用できる土地利用に悪い影響が生じやすいことがあります。とくに大量飼育の集中的な家畜生産は、糞尿処理などが追いつかず汚染問題が大きいのです。

お肉をどの程度食べるのか、考えて食べることもエコ・ダイエットになります。

──それじゃタンパク質不足になるんじゃない？

食べすぎが問題なのです。バランスが大事なので、お肉や脂肪に偏《かたよ》る食事は、健康にも悪いし環境への負荷も大きいということです。

こうして見てきたように、１９６０年の食生活のような、近郊でとれた旬の野菜を中心とした食生活にすると、輸送や生産にかかるエネルギーが減らせますし、穀物の消費量も減らせて、自分と地球のためのダイエットになります。

――1960年の食事にもどるのがエコ・ダイエットなの？

昔にもどればいい、ということではありません。当時とは変わっている世界状況もたくさんあります。今日の食をめぐる私たちのあり方は、近い地域の中の関係とともに、世界との関係もどちらもあるのです。そうした中で地球上に住む人間すべてが生きていくさいの、そのためのエコ・ダイエットでもあります。

たとえば、経済発展している中国やアジア諸国などの地域では、今後、先進国のように食生活が変化していくことが予想されていて、肉の消費量も増える見込みです。日本やアメリカみたいな食生活をする人がどんどん増えると、それだけで地球にたいする負担が増えてしまいます。

――それじゃ、これから食料が足りなくなるの？

それは一概には言えません。現在、世界の人口は増加していますが、ひとりの女性が生涯に産む子どもの数は、ヨーロッパでもアメリカ（北米）でもラテンアメリカ（中南米）

でも、アジアでも、世界各地ですでに減少しています。国連は２０５０年に世界人口が93・7億人にまで増え、その後は減少すると推測しています。多くの専門家は、地球上にはこれだけの人口を養うのに十分な資源があると推測していますが、人間の数ではなく、人間の食べ方や消費のしかたによってどれくらいの量が必要かというのは変わってきます。

大規模化、機械化をすすめた産業的な農業と小農民による伝統的農業がある

ところで、現在の食のあり方には、大規模化、機械化をすすめた産業的な農業による食のつながりと、小農民による伝統的農業による食のつながりとがあり、産業的な農業が急速に広がってきたという話をしてきました。じっさいのところ、地球上の人間を誰が養っているのか、ふたつを比べたデータがあります。

産業化されたフードシステムでは、消費される食べものの30%をまかなっていますが、そのために使っている面積は農地として利用できる土地の70〜80%です。

いっぽう、小農民は消費される食べものの70%をまかなっていますが、そのためにつかっている面積は農地として利用できる土地の20〜30%です。

——あれ？　どうしてそうなるの？

世界の人口のうち貧しい国々の人口が7割くらいを占めていることがひとつの理由です。そうした地域では、家族農業など小農民が大半を占めています。

いっぽう、産業サイドでは石油などの化石燃料をたくさんつかってCO2など地球温暖化の原因ガスを出し、水もたくさん使って、たくさんの環境負荷をおこしています。そして、機械が作業できるように、土を剝《は》いだりするのでたくさんの表土が失われてもいます。いっぽう、小農民サイドでは化石燃料の消費量は産業サイドの半分以下です。産業サイドはムダが多いことがわかります。

産業的な生産ではごく限られた品種しか生産されていませんが、小農民がつくるものは自給的生産や伝統的な在来種などがあり、商品として市場に出回っていないものがたくさんあっていろいろな品種がつくられています。家畜も同様で、産業サイドでは牛、豚などの5種類の限られたものが飼育されていますが、小農民サイドではいろいろな家畜が飼育されていて、生態系の多様性を保つことに貢献しています。

――小農民ってすごいじゃない。

はい。もともと農業は生態系の循環の中で人間が微生物のような働きをするものでした。

当然、伝統的な農業は、たんに食料を生産するというだけでなく環境にたいして無理のない循環をつくりあげてきたのです。「身土不二《しんどふじ》」という言葉があります。身体と大地は切り離せるものではなく、生態系の循環の中で生きることを表しています。「地球とともに生きる人間」と言うこともできます。この言葉のルーツは仏教にあるようですが、感覚的にはもっと原始時代の人々の考え方に根っこがあるように思います。

こういう視点での農業のすごさに改めて気づいた人たちが、各地でいろいろな取り組みをはじめています。

さきほど紹介した食品リサイクルも微生物と農業の力を活用していましたが、すでに40年以上前から地域で食品廃棄物や生ごみをたい肥にしてリサイクルしている長野県佐久市の臼田《うすだ》地区の取り組みはその草分け的な存在です。農村医学で有名な佐久総合病院があるところです。

宮崎県綾町では、化学肥料や農薬を使わない有機農業を村おこしの中心にすえて、生ごみだけでなくし尿の発酵処理を組み入れた有機リサイクルシステムをつくりあげています。

——し尿ってもしかして……

農業のすごさに気づいた人たちが各地ですごい取りくみをしている

人間の大小便のことです。江戸時代や明治から昭和の戦後まもなくまで、農村や都市近郊農地には肥溜《こえだめ》といって人糞尿を発酵させた肥料が広く使われていました。近代化の中で不衛生ということで消滅しましたが、最新の科学技術の力を応用してたい肥化するプラント設備が実用化されました。

また、山形県長井市では、生ごみの有効活用を地域の循環の中心において、食と農業と土づくりを直結させる試みをしています。つまり作物をつくることと、食べることを地域の中で循環させることが目指されています。長井市では減少した可燃ごみの処理費用（約2000万円）をたい肥センターの運用費にあてて、良質なたい肥を町内の農家に安く提供して地場の農産物の振興に結びつけています。

さらに、埼玉県小川町や福岡県大木町などでは、生ごみをたい肥化する途中にメタンガスの発酵プラントを組み込んで、バイオガス・エネルギーを取り出し、最終産物を液肥《えきひ》として水田などに利用する試みを、町（自治体）と市民組織が一緒になってすすめています。

また、循環のいちばん基本的な要素である水の循環に着目して、水系全体として自然を保全する活動が日本各地で広がっています。海を守る運動が山の森林を守り保全する運動とつながることで、生態系の循環の輪を取り戻そうとしているのです。山の水源地の人びとと手を組んで植林や山林保全を進め、中間部に位置する途中の農家の人たちも農薬使用をひかえ、合成洗剤を使わないようにするなど、水系を軸とした生態系循環を蘇《よみがえ》らせようとする運動で、その動きに都市の住民たちの協力も生まれだしています。

生産者と都市住民が協力する活動では、「水田トラスト」や「棚田トラスト」という方法も各地で行われています。つくる人とたべる人が「売買」の関係ではなく、一緒になって、安全なお米をつくる田んぼを守ったり、高齢化とともに耕作、手入れされずに荒れた棚田の再生をめざす活動です。

さらに、このような動きは農村だけでなく都市部でも行われはじめています。

最近は日本でも都市の近郊で市民農園が人気を呼んでいます。農家や行政の支援で、土に親しむことがブームになってきました。こうした風潮は今日、世界的な高まりをみせています。空き地や公園などの場所に草花を植えるのではなく、農作物を育てる試みやグループ活動が世界の都市で展開されています。命の根源の食べものを、身近なところで自分たちで育てたいという欲求が世界的に高まっているのです。

そうした事例として、アメリカ西海岸での興味深い活動を記録したドキュメンタリー映画『都市を耕す：エディブル・シティ』という作品が日本でも公開されて話題になっています。「エディブル」とは「食べられる」という意味です。

『オーガニックラベルの裏側　21世紀食品産業の真実』（C・G・アルヴァァイ著、長谷川圭訳、春秋社、2014年）ではドイツの例を紹介しています。ライン川沿いのアンダーナッハ市には、観葉植物を植えていた公共の広場に野菜や果物のなる樹を植えて、住民はだれでもそこでできた作物を無料で収穫していい菜園があるそうです。

——タダで収穫できるの？ ほんとに？

はい。「街の価値を高めること、街を食生活の中心にすること」を目指してつくられていて、こうした菜園がいくつもあり、在来種や希少種が育てられていて、種の多様性を受け継ぐために、種子を持って帰って自宅の庭に植えることも勧められているといいます。この事業は、公園の運営費が観葉植物を植えていたときのわずか10%になり、市にとっても恩恵があるそうです。

また、ドイツの首都ベルリンでは市民が運営している都市菜園があり、飛行場だった場所の一部が共同菜園になって、トマト、ナス、カボチャ、ズッキーニ、レタス、ベリー類など、さまざまな作物が実り、定期的に有機食品市場も開かれるそうです。

また、エディブル・ランドスケープという考え方や運動もあります。ランドスケープとは風景・景色のことですが、食の恵みに囲まれた暮らしへのあこがれが現代によみがえってきた感じです。考えてみれば、日本の里山には自然の恵みが身近にあって、子どもたちが野山に入って木いちごやあけび、グミや桑《くわ》の実を見つけて食べたりしたものです。春のはじめには山菜を採ったり、秋には柿や栗の実をおやつにしていました。そのように風景の中に食べられるものを増やしていこうというイメージです。

暮らしている場所に食べられるものを植えることは、もともとは戦争のときのひとつの食糧確保のための考え方としてありました。日本やアジアや欧米だけでなく、裏庭に食べるものを植えるというのは世界のいろんな文化のなかに共通してみられます。もともと、私たち一人ひとりの生活において、昔から継承されていたと考えられます。それは一時期忘れられていましたが、今また食料リスクにたいする備えということと、それ以上に積極的な意味として、自然とのつながりを身近に取りもどす欲求としてよみがえってきているのではないでしょうか。

このようなおもしろいとりくみは、ここで紹介しただけでなく、じつは日本各地でたくさんおこっています。それについて、島村菜津さんにお話をききましょう。

「スローフード運動」という言葉を聞いたことがあるのではないでしょうか。30年前の1986年にイタリアで生まれ、ファストフードによって自分たちの食が画一的になることを拒否し、その土地の伝統的な食文化や食材を見直す運動です。

島村さんはスローフード運動を日本に紹介した人で、日本中をめぐって、食をめぐるすごい人たちに会っています。

スローフードを日本に紹介した

島村菜津さんにききました

島村菜津さん
1963年長崎県生まれ、福岡県育ち。東京藝術大学美術学部芸術学科卒業。大学でイタリア美術史を専攻したのちイタリアに留学しました。帰国後、十数年にわたる取材の成果をまとめた『スローフードな人生!』(2000年 新潮社)は日本でのスローフード運動の先駆けとなりました。2006年に出版された『スローフードな日本!』(新潮社)では、日本各地のスローな生産者たちをめぐる旅をとおして、社会のあり方をするどく問いました。また、『スローな未来へ「小さな町づくり」が暮らしを変える』(2009年 小学館)では日本とイタリアのとびきり元気な地方の人たちのとりくみを紹介しています。
じつは、ノンフィクション作家としてのデビューは、じっさいの未解決事件の謎を追った『フィレンツェ連続殺人』(共著 1994年 新潮社)で、キリスト教の悪魔祓いの儀式に迫った『エクソシストとの対話』(1999年 小学館)などの本も書いています。

古沢 島村さんは日本各地でおもしろいとりくみを取材されていますね。

島村　この2、3年おもしろいなと思っているのは、地方の農村に農業のスキルを持つ人、農業のスキルをまったく持たない人たちが一緒に住んで、新しいタイプのコミュニティをつくりつつあることです。

中でも最近私がほれ込んでいるのは、岡山県美作《みまさか》市の上山《うえやま》地区です。奈良時代からつづく斜面一面の棚田は、1970年代までは8000枚にまで増えたんですが、それが壊滅的に不耕作地になって竹藪がすごい勢いで生えて村も暗くなっていたところ、2007年から大阪を軸にした若者たちが通って作業し、今、棚田の25％を再生させたんです。

この活動の中心となったひとりで、東京のサラリーマン家庭で育った水柿大地さんは、ゼロから棚田の米をつくるというスキルを身につけて、古民家を修繕する技も体得して、イノシシの肉を器用に捌《さば》いて囲炉裏《いろり》でおいしい料理もつくる。ものすごい速度で20代後半の男性が、自然の中で暮らし、生きる糧《かて》を自分でつくれる人間に成長していったんです。それは私にとって感動的で、とても刺激を受けてもう4回も足を運んでいます。

若い人たちは感覚的に鋭敏で、土からあまりに離れてしまったくらしに飢餓《きが》感を感じている。何か根限的な渇望《かつぼう》みたいなところから、そういう要求が沸きおこっているような気がします。私ができないことをやってくれている次の世代が育っているかんじです。

若い人が中心になってそういう地域が増えている気がします。彼らは、大学で学び、東京でも仕事できる人たちばかり。子育ての場として環境を選びとっていく、そのおもいきりがいい。いろんな犠牲《ぎせい》もあるんだけどそれをいとわない。

古沢　地方の農村では子育てや住まいの環境をととのえて、都会から若い人を受け入れているところがたくさんあって、じっさいに移住する人の数も増えていますね。総務省がやっている「地域おこし協力隊」でも、全国で毎年何千人単位で地域で農業や林業、漁業の応援、住民の生活支援などの活動をしている人がいます。海外でボランティア活動をする「青年海外協力隊」の国内版とでもいう仕組みで、3年間、生活費が支給されますよね。

島村　上山地区も「地域おこし協力隊」の3人から始まってるんです。協力隊で地域に入った人は3年間、田舎で生活して、その後も住もうとなると食べていくすべを見出さなければなりませんが、そこそこお金を貯められるし、猶予《ゆうよ》期間も与えられる。国がやっているにしては（笑）悪くない制度だと思います。

古沢　こういう動きは、たんに地方のために人を送るというだけでなくて、そこに行く人のニーズにも応えていて、生きることの体験に飢《う》えている人が、都会の生活にはない新しい生活をして元気になっていく。それと同時に彼らを受け入れる地元の方々も元気づけられる、という関係ができています。

もっと若い世代もすごいよ

古沢　移住者が多いことでは隠岐《おき》諸島にある中ノ島の海士《あま》町も有名ですね。たしか隠岐島《どう》前《ぜん》高校を自然環境をいかした高校にして、県外からも学生を呼んでいるんですね。

島村　はい、私が行った7〜8年前で230人くらい移住者がいましたから、今はもっと増えているかもしれません。高校のとりくみは岩本悠さんという若い移住者たちが中心となりました。生徒の数が減って廃校になりそうだったところ、だったら危機をポジティブに考えて立て直しをしようと、「地域創造コース」をつくったんです。

隠岐は後鳥羽《ごとば》上皇《じょうこう》が島流しにされたところで、隠岐神社の神主《かんぬし》さんは54代目という歴史をもつところです。そんな自分が住む地域の良いところを、食文化にしても歴史にしても、雄弁《ゆうべん》に語れる若い子を育てる学科です。じっさいに地域の人とかかわりながら学んでいくプログラムで、修学旅行には東京大学に行って、高校生が大講堂の東大生の前で島のことを発表する、ということもやっています。この高校に惹《ひ》かれて県外の進学校から転校してきた生徒もいます。

中ノ島に行ったとき、船着き場のカフェで高校生たちが一所懸命に勉強していて、なんていい地域が育ちつつあるんだろうと思いました。

古沢　普通の高校でも地元の農産物についてヒヤリングをして、食べかたを研究して、商品や料理にして文化祭で食のコンクールのようなことする活動もありますね。

島村　そういう活動では三重県多気《たき》町の県立相可《おうか》高校が「高校生レストラン」で有名になりましたね。一流の料理人から地元の高校教師となった村林新吾先生の指導の下、高校生が調理から運営まで手がける初めての店で、「まごの店」という名のとおり、地元の人に愛される店を目指した。テレビドラマにもなりましたが、村林先生たちは、その後も、学校を「高校生国際料理コンクール」の会場にしたんです。高校生たちが、オーストラリアや台湾、韓国などの生徒さんと料理の腕を競っていました。すばらしかったのは、来賓の大人のために高校生たちが300食くらいを迅速《じんそく》に調理し、サーブ（給仕）し、それはもうプロ。すごい高校生が育っているな、と思います。

古沢　小学校でもおもしろいとりくみをしているところがあります。有機農業で有名な福島県の熱塩加納村《あつしおかのうむら》（２００６年に喜多方市に合併）ですが、20年以上前から小学校で食農教育を積極的に進めてきました。そうした取りくみが実って、10年くらい前から喜多方市内17校すべての小学校に「農業科」という科目ができました。地元の農家が入れ替わり立ち替わり教室で教えたり、畑で一緒に作物をつくり、郷土の料理まで学ぶという授業をやっています。ただ食べる教育じゃなくて、学ぶ場を広げ、地域全体で教えあっていく取りくみです（２０１３年日本農業賞「食の架け橋賞・大賞」受賞）。

地元のおじさんたちもすごい

島村　山形県の米沢市《よねざわし》を拠点とする「置賜自給圏《おきたまじきゅうけん》推進機構」は、地域で食べものやエネルギーの自給を実現していくことを目指した２０１４年からの活動で、ひとつのモデルになると思います。もともと5千人もの消費者の生ごみをたい肥化し、台所と農家をつなごうという長井市の菅野芳秀さんが立ちあげたプロジェクトから始まっていて、次のステップとして人口約20万人の置賜地域にまで拡げていこうという壮大なとりくみです。この地域は農業が豊かで、たくさんの有機農家の団体もあり、それぞれにがんばってきたけれど、この活動を通じて横の連携が生まれ、楽しいことがおこり始めています。

古沢　置賜では「自給圏」ですが、同じ山形県の庄内では「食の都」ですね。イタリアン・レストランの『アル・ケッチァーノ』の奥田政行さんが、地元の在来野菜のおいしさを活かす料理をつくりはじめたことが始まりですよね。私も訪ねたことがありますが、奥田さんのような方がキーパーソンになると、食を中心にして地域がよみがえっていくんですね。

島村　そうなんです。たった1軒のレストランから始まったんです。奥田さんが、地元の雑誌の連載をきっかけに、地域で種取りをしながら在来種をつくり続けてきた農家や山形大学の在来種の研究者に出会うんですね。そして、それらをどんどんメニューに取り込み、新しいイタリアンを創った。すると、これまで味わったことがない料理だと、都会から食いしん坊たちが通ってくるようになった。それをきっかけに、山形県の庄内地方の食材と自然の豊かさが知られるようになったんです。

奥田さんがいろいろなメディアに取り上げられすぎて大忙しだったとき、無理をしていないか心配でした。すると、こう言ったんです。「僕はいま止まれないんです。在来種はたくさん儲《もう》かる農業じゃありません。なのに、僕が応援してきた在来種の農家の20代、30代の息子さんたちがみんな継いだんです。だから、彼らが年間最低400万の収入を得て欲しいから、それが確保されるまで僕は止まれません」と。すごい郷土愛だなと思いました。

食の力がすごい

島村　置賜の高畠《たかはた》町の菊池良一さんという農家さんがおもしろいんです。高畠は有機の里ということで、よくオリンピック選手のキャンプ村に使われてきたのですが、15年くらい前に、日本の射撃《しゃげき》の選手たちから、有機の食べもので、自分たちのようなスポーツ選手に合う食事をつくってほしい、と頼まれたそうです。フランスの射撃の選手たちが当前のように有機の食材しか食べていなくて、「そうじゃないと集中力がつかないでしょ」と言われて衝撃を受けたということで。たとえば、20分後にまた射撃に向かう集中力が必要だから消化に負担がかからないようにしてほしい、という要望があったそうです。

菊池さんはその課題をもらって、玄米《げんまい》だと消化に時間がかかるのでポン菓子にして炊《た》きこんだりしていました。アスリートの人たちはサプリメントをのんだり、大地とはつながりにくい食生活のイメージがあったんですが、「集中力があがる、だから当然オーガニックなんだ」というのはおもしろいと思いました。その後影響をうけて、柔道の選手たちも菊池さんのところに来るようになったらしいですよ。

古沢　選手たちは高いパフォーマンスがシビアに求められるだけに、食べもので調子が変わることを実感しているんですね。

島村　食の力といえば、沖縄の宮古《みやこ》島に津嘉山千代さんというおばあちゃんがやっている津嘉山荘という農家民宿があります。彼女は若い頃、癌《がん》になったことで、化学物質が入っていない調味料を使いはじめるのですが、１９８５年から宮古島がトライアスロンの舞台になると、民宿の食事がとても良くて、パワーも出るし、体調もいいということで、参加者がいっぱい泊まりだしたんです。

素材は、地元にあるものばかり。民宿の菜園に生えている野菜やパパイヤ、お父さんがとってきた魚や海草を、いっぱい食べられる。味噌やゴマの調味料も自家製です。今は、息子さん夫婦がついでくれましたが、その民宿は、宮古島の人が集まる交流の場になっていて、都会からやってきた人たちが、彼女に相談しながら、そこを拠点にして島に住みつくというような場所になっていました。千代さんも「もう何人もお見合いさせたよー」とか言っていて。

千代さんの民宿は、都会から遊びにきた人たちも元気になって帰っていく場でしたが、悩んで電話をしてきた女の子に、おっきなおにぎりを宅配便で送ったこともあるそうです。おにぎりが届くと、泣きながら電話がかかってきたんですって。

「食」って、時々、ものすごい超能力を発揮しますよね。もうだめだ、と疲れている人の気持ちをほぐしたり、鎧《よろい》でかたまって自分の本心が出せない人の気持ちも解放したり、言葉ではとてもできない、すごいことをやっちゃうときがあります。

古沢　「コンヴィヴィアリティ＝供宴《きょうえん》・共生」ですね。哲学者のイヴァン・イリイチが、食卓を囲んでともに生きていく、力をわかちあうというような言葉として供宴ということを言っています。食を原点にして人が豊かになっていく、ということですね。

企業にもすごい人たちがいる

島村　とはいっても、日本全体を見渡すと、ファストフードは増えていくし、地元の商店街でも個人でやってるお店がどんどんつぶれてチェーン店ばかりになるし、何だか、へこんでしまうことも多かったんですが、２００６年くらいに企業の若い人たちの勉強会に呼ばれて、すごく反省することがあったんです。参加者のひとりが、彼は大手のビールメーカーの社員だったのですが、「自分の会社で、将来、国産のもの100％の赤ちゃんの離乳食をつくりたい」と話してくれた。日本のビールは、自給率からみれば6％程度で、国内の農家を支えることからは遠い存在だと感じていたんですが、それは安直な考えだった。ここまでが良い食なんて、線を引くことはできないわけです。彼の言葉に、とても感動したんです。こういう人が大きな企業の中から変革をおこしてくれると、何より大きな動きになる。そういうところを応援することも大切だなと思いました。

同じように、最近、心に響いたのは、「おむすび権兵衛」のとりくみです。じつは私、チェーン店がきらいなんですが、宮城県の鳴子《なるこ》温泉の旅館の人たちと地元学の結城登美雄さんから、「社長の岩井健次さん、おもしろいから会ってみて」と言われた。すると、東京の神田のお店で、鳴子の「ゆきむすび」だけを使ったおむすびが食べられるんです。

結城さんたちが長年、苦労して地元の農家を支えようと、高冷地に向くおいしい米づくりを、農家とともにやってきた。そのお米が「ゆきむすび」です。お会いした岩井さんは、「僕がおむすび屋のチェーン店をやっているのは、日本の休耕田《きゅうこうでん》をなくすのが目的です」ときっぱりと言った。じっさい、使うお米はすべて契約農家さんから仕入れていて、ホームページを見ると、お店ごとにどこの生産者グループのお米を使っているのか、どの店で買うと、私たちもどんな地域を支えることができるのかがわかるようになっています。
原発事故があったとき、もっと大きなチェーン店は東北のお米は使わないと言って売っていましたが、彼は「ちゃんと調べてつかいます」と言った。だから神田あたりに行くことがあると、駅からちょっと遠いんですけど、そこでおにぎりを食べるようにしています。ペットボトルのお茶まで鹿児島の有機茶で、おにぎりは本当においしいです。新宿のお店では福島のお米を応援しているので、新宿を通れば、時々、そこで買います。
チェーン店だからまとまった量が買えるし、岩井さんは、「安すぎる値段で買ったら農家さんがつづけられないから、生産者が納得できる値段で買う」と決めていて、結城さんがいちばんよろこんでいたのはそこなんです。農協よりずっといい値段で買ってくれるから、鳴子でも、大手のおむすび屋さんが買ってくれるのならばつくろう、と一気に農家の数も3倍近くに増えたんです。影響力は大きいです。

古沢　企業の中で、いいものを支えあうという意識、こだわりがある人たちの力がこれから大事になっていきますね。

島村　はい。もうひとり心に残ったのは、元ＪＲ東日本の清水愼一さんという方の話です。（今は大学や地域で観光を教えていらっしゃいます）。２０００年、この鉄道会社は、カリフォルニア米やアメリカ産の牛肉を使った駅弁を販売して波紋を呼びましたが、その頃、取締役だった清水さんは、東北新幹線の車窓から見える田んぼの景色がきれいだなあと思った。ところが、自分たちのビジネスとこの景色がつながってないことに大きな疑念を持ったそうです。

カリフォルニア米の弁当なんて、ほんとにおかしいと感じて、その後は、見てる景色を食べよう、この景色をつくってくれている農家さんを支えるような食を新幹線も提供するべきだと頑張ったそうです。新幹線が通っても、地域は豊かにならないという地元の声を覆《くつがえ》そうと、ＪＲ時代から地域おこしにも力を注いだそうです。その後、２００３年、米国産牛肉の輸入禁止とともにカリフォルニア米の弁当も消えますが、こうした人たちのがんばりのおかげで、今では、地元のものを使った地元のお米１００％のお弁当や駅のお店も増えてきました。

たとえば、大分県の湯布院《ゆふいん》は年間４００万人が訪れる温泉地ですが、博多と別府から湯布院に行けるＪＲの特急「ゆふいんの森」に乗ると、湯布院のもの１００％のおいしいお弁当が食べられるんです。そういうことが、地元でもやっとかっこよく見えてきたし、たかが駅弁かと思うけれど、それを選ぶことで車窓の美しい景色を守れると思うと、おいしいだけでなくて、何だか得《とく》した気分になりますよね。

農業の力がすごい

島村　最近、もうひとつ元気になったことがあります。「奇跡のりんご」の木村秋則さんが一押しの弟子《でし》を紹介してくれたんです。佐伯康人さんという人で、若いころにロックンローラーとして東京でデビューしたけれど、業界がイヤになって30歳で愛媛県の松山市に戻った。そこで生まれた3つ子たちが脳性麻痺《のうせいまひ》だったことで、まわりの人たちが、「3つ子ちゃんを守る会」をつくって、50人くらいでもちまわりで手伝いにきてくれたそうです。

他人事《ひとごと》ではなくなったと、佐伯さんが障がい者の施設をのぞくと、箱をつくるような仕事を月4000円くらいのお給料でやっていて、みんな抱えてる障がいが違うのにヘンだ、これじゃ食べていけないとも思った。百の仕事ができるから百姓《ひゃくしょう》と呼ばれる農業ならば、いろんな仕事ができるし、人海作戦もできる。それを障がい者のあたらしい雇用の場にしようと農業を始め、木村さんの本を読んで「これだ」と思ったそうです。

木村さんは当時、映画の公開前で忙しくて、問い合わせなどは全部断っていたけれど、2ヵ月間、毎日ファックスを送ってきたヘンな人がいて、根負けして答えてみたら佐伯さんだった。出会って共感してからがすごくて、佐伯さんは、指導を受けて2年間ほどで、8ヘクタールもの休耕地を木村農法の畑に変えてしまった。

今では、農業と福祉をつなげる北海道から沖縄までの何十もの「自然栽培パーティ」のネットワークまでつくりました。さすがミュージシャン、リズム感がすごいんです。

古沢　農的な世界はすべてを包み込むというか、誰でも役割を持てるような世界です。埼玉県の東浦和に近い「見沼《みぬま》たんぼ」でも、湧水《ゆうすい》地の一角を農園にかえたときに福祉農園にして、障がい者ふくめ、いろんな人たちが集まれるような場所として運営されています。あちこちで福祉と農業をひとつの土台にするような動きが始まっているので、今後はネットワークがひろがっていくのだろうと思います。

私もすごい?

古沢　自分の内なる健康だけじゃなくて、地域や環境など、外の健康が自分たちのあり方にとって大きなことですね。

島村　結局そこは相関関係にあるということですよね。たとえば、雑誌の連載でも福島のことは触れないでなんて言われることがありますが、結局、線はどこにも引けない。自分だって、そちら側にいつでもなりうる。そして、つながっていることがわかると、いろんなことが見えてきます。逆に言えば、食から社会変革ができるということですから、どこかで線をひいたり切り離そうとすると、自分が不自由になってしまう。

あるヨーロッパの環境運動活動家が「環境運動ってさ、ちゃんとやらないとうまいものが食えなくなるってことだよね」って言ったそうですが、そのとおりだと思います。

古沢　スローフードもそれが原点ですよね。

島村　はい。そういうふうに考えれば、理屈《りくつ》ぬきに、ちゃんとしたものを食べるところから、自分が生きやすい社会に近づけることができるんだと思うと、わくわくします。

たとえば水俣《みなまた》で、日本では少数派と言われながらも山の奥で無農薬でお茶をつくっている人たちがいますが、そのお茶を飲むことで彼らを応援できるし、きれいな山並みも守られるし、私たちにしてみれば、無農薬は健康づくりのうえでもありがたい。一石三鳥。そういう関係だと思います。

あるいは、すごい台風が何度も襲った年には、ぼろぼろ落ちて傷ができてしまったリンゴや、ブドウをあえてみんなで買うようにすれば、異常気象の中で苦労している農家も、少しは楽になる。料理人や宿の主人でなくても、普通に暮らしている私たちだって、普段の食卓を通じて、そのくらいの距離感で食べものをつくっている人とのいい関係をつくっていくことができるんです。

古沢　食は命の源で、それは自分の内なる命にも感じますが、地域にもつながるわけですし、今では地域だけでなくて、地球の反対側までつながっています。学校での教科のように、これは「社会」、これは「経済」、これは「政治」、と分けて勉強する世界もあるけれども、そういう枠をこえて自分の内側や外側がぜんぶつながっていて、その中で自分も生かされていて、自分の行動がどうはねかえってくるかがわかるような勉強も必要です。

そういう意味では、障がいがあったり、社会になじめない人がていねいに時間をかけて上質のチーズをつくっている「共働学舎・新得《しんとく》農場」などは、生活と食と経済とを学ぶ拠点になりますすね。

島村　はい。共働学舎など、食べものづくりが環境づくりみたいなものです。牛にはできるだけ放牧させて、自然の草をたくさん食べさせ、補足するエサにも炭を混ぜて、浄水器を通した良い水を飲ませ、腸内環境を整える。畜舎《ちくしゃ》や醸成庫《じょうせいこ》の地下にまで炭を埋めて湿度なども調節し、半地下の醸成庫も石やセラミック、炭を駆使し、できるだけ電気を使わない状態でチーズを寝かせています。畑も野菜や米は有機栽培ですし、自分たちでパンや菓子も焼く。エサの自給率を高めようとデントコーンもつくっています。

つまり、おいしいチーズをつくることは、おひさまの光と草を体内でミルクに変える牛の健康を労《いた》わることにつながり、そこに暮らす人や動物の生活環境も良くしていくことにつながる。ふらりとチーズを買いに訪れた私たちにも、木造のレストランがあるので、その一端を覗《のぞ》くことができます。

そういう、おいしいものをつくりながら、いろんな人が働ける社会をつくろうとしているような農場のチーズは、ちょっとぜいたくですが、月に一度でも買って友だちとご飯会でもすれば、これから自分が生きていきたい世界を選びとっていくこともできる。そういう「場」づくりに、遠くからでも参加できるのもたのしみです。

神奈川県の戸塚にある善了寺の中に「カフェゆっくり堂」がスタートしたのですが、オープニングには、共働学舎から独立した「山田農場チーズ工房」の山羊《やぎ》のチーズを持参し、みんなでお祝いしました。善了寺は、以前から地域のお年寄りや子育て世代のたまり場にしたいと環境運動の講演会などをつづけてきたんです。震災を機に始めたエネルギー自給を考える「キャンドルナイト」では、地域の農家とつながり、市場も開いています。琵琶《びわ》湖の葦《よし》を使ったエコ建築の本堂は圧巻ですし、カフェでは、フェアトレードの有機コーヒーや自然派スイーツがいただけます。

食卓やカフェって情報交換の場として大事です。おいしいものを介すると、肩書きも立場も年齢も関係なく、いろんな人とコミュニケーションがとれる。近頃、テレビや新聞、ネットニュースだけでは、どうもかゆいところに手がとどかない気がする。こんな時代にはとくに、そうやって生きた情報を手に入れるのは大事です。そういう場に子どもたちもどんどん参加してほしいし、参加できるような集まりが増えるといいですね。

古沢 最近、「子ども食堂」ができていますが、「命の洗濯《せんたく》」をしたり、なごむにはカフェのような場がいいのはたしかなので、それを身近なところにどうつくれるかですね。

第二のふるさとを見つけたい

島村 食べものをつくる現場の人と交流しながら、ゆっくり味わいながら伝えていけるような、子どもたちも楽しくなるような場所をもっと都会にも増やせれば、子どもたちも行きやすいし、田舎のない子にも第二のふるさとになりますね。

古沢　大学のゼミ合宿では長野県佐久穂《さくほ》町の織座《おりざ》農園というところに行きますが、先ほどの宮古島の民宿のようにいろんな人が交流する場になっています。20年近く通ってるので、昔のゼミ合宿の学生でその近くに住む人もいます。第二のふるさとのようなつながりがもてる地域があると、生き方が変わってきます。

島村　私の場合、農家民宿もひとつのきっかけでした。子どもが小さいときに食べものがつくられる場所を見せておきたいと、農家民宿にはよく行きました。長野の果実農家では、ご主人が娘の手をひいてリンゴ摘《つ》みをさせてくれたり、牛を飼う農家では、おばさんが仔《こ》牛《うし》をなでさせてくれました。大分県の安心院《あじむ》町の農家民宿では、粉からうって、昔ながらの製麵機でうどんをつくってくれたり、あたたかい卵をひろったりさせてくれました。

私の中でもこういう体験が根源的な安心感につながるところがあって、子どもを口実に自分もそこに近づき、いろんなことを教わりました。そのことが、冷酷なテロのニュースや原発問題、と世の中が悪い方に向かっているような不安材料も多い中で、自分なりの物差しができて、安心感を持っていられることにつながりました。

やってみよう!

島村　子どもたちに勧《すす》めたいのは、いつも当たり前に口にしている食べものについて、お母さんや他の大人に「これってどこの野菜?」「このお肉ってどこの?」「この調味料ってだれの?」とか聞いてみること。

今、和食ブームで、安い店もいっぱいできていますが、大きなチェーン店だと和定食でも自給率は20%以下と言われていて、横浜の埠頭《ふとう》では、機械で丸くしたサトイモ入りの煮ものや、後に着色して売られる漬物が、一回漂白した状態で保管されている。こだわりの蕎麦《そば》屋は多くても蕎麦の自給率は25%ほどだし、ワカメもほぼ同じ。豆腐や味噌の材料でもある大豆なんて7%なんです。そう考えると、ふだん自分が家族と一緒に食べているものを一度見直してみるのは、なかなかスリリングな作業です。

私もそうだったけど、じつは大人も自分が食べているもののことを意外と知らないんです。聞かれた大人も返事に困るかもしれない。だったら、そこから一緒に考えれば、きっと食卓のいろんな可能性が見えてくるはずです。

第6章

広い視野で考えるって？

1 原発事故後の食についてはどう考えたらいいの？

――これからの食を考えるってどういうこと？

これからの食のあり方を考えるうえで、２０１１年3月におきた原発事故の影響を考えないわけにはいきません。事故をおこした福島第一原子力発電所から放出された放射性物質により、たいへん広い範囲の土地が汚染され、そのために多くの農家や酪農家が食べものをつくることができなくなりました。

事故後、農産物に含まれる放射性物質を検査する体制が整えられ、福島県のお米はすべて検査され、野菜や果実などの測定もＪＡ（農協）やＮＰＯや市民団体など、いろいろなところで測定されています。検査結果は福島県や各団体のホームページで公開されていますが、事故後数年で放射性物質が検出限界を超えて検出されるものはほとんどなくなりました。厚生労働省がまとめている測定結果をみても、放射性物質が検出されるものは山菜や野生動物などに限られています。

けれども、福島県産の農産物は今でも人気がないので安くしか売れないのが現状です。

――だって、少しでも汚染されてるかもしれないものより、汚染されてないもののほうが安心だもん。

そうですね。今あるリスクから逃げたいというのは自然なことですが、安全ということについて言えば、そんなに簡単なことではありません。

ひとつには歴史的には福島の原発事故以外にも、1945年から1980年にかけて、アメリカやソビエト連邦（今のロシア）やフランスなど多くの核兵器を持つ国々が行った、大気圏内核実験のことがあります。それらの実験で空気中に散らばった放射性物質によって、じつはもっと前から日本の土地、そして作物は知らないうちにわずかながら汚染されていたのです。

核実験による汚染の程度がどのくらいだったか、1986年4月にソ連のチェルノブイリ原発（今のウクライナにあります）で原子炉が爆発した事故と、福島原発の事故と比較してみましょう。核実験によって放出された放射性物質のうちセシウム137だけでも、チェルノブイリ原発事故のときの11倍程度、福島原発事故の70倍程度にものぼります。

――そんなに？

はい。大気圏はすべてつながっていて、空気は地球規模で動いていますから、世界中が汚染されたと言っていいでしょう。

今では大気圏内の核実験は行われていませんが、それ以外の問題もあります。現在、世界には400基をこえる原子炉があります。そのどこで事故があってもおかしくありません。原発は正常に運転されているときでも、少しですが周辺に放射性物質の汚染がおきてしまいますが、いったん事故がおきればどれだけの汚染と被曝《ひばく》になるのかわかりません。

日本では42基ある原子炉は今はほとんどが稼働していませんが、韓国には25基ありますし、中国には35基あります。そのどこかで事故があれば日本への影響は避けられません。原発だけでなく、原子力潜水艦や原子力空母、それに原子力兵器（核兵器）ふくめ軍隊でもさまざまな形で使われています。

私たちはすでに「放射能リスク社会」を生きる存在となってしまっているのです。

1956 年以降に発生した主な世界の原発事故とその程度

1952 年	カナダ	チョーク・リバー	5
1957 年	イギリス	ウィンズケール	5
	ソ連（現ロシア）	キシュテム	6
1977 年	チェコスロバキア（現スロバキア）	ヤスロウスケー・ボフニツェ	4
1979 年	アメリカ	スリーマイル	5
1980 年	フランス	サン・ローラン・デ・ゾー	4
1983 年	アルゼンチン	ブエノスアイレス	4
1986 年	ソ連（現ウクライナ）	チェルノブイリ	7
1987 年	ブラジル	ゴイアニア	5
1993 年	ロシア	トムスク	4
1999 年	日本	東海村 JCO	4
2008 年	ベルギー	フルーリュス	4
2011 年	日本	福島第一	7

国際原子力事象評価尺度による事故分類

7 深刻な事故
6 大事故
5 広範囲な影響を伴う事故
4 局所的な影響を伴う事故
→ 事故

3 重大な異常事象
2 異常事象
1 逸脱
0 尺度未満
評価対象外

国際原子力機関資料より

――そう言われても、今食べるものは安全なほうがいいと思う。

そうですね。安全なものを食べたい、という気持ちは大事です。でも、それは福島県産の農産物を避けることでは達成できない、というのが私の考えです。放射能汚染については、物理的にもどこかに線を引くことはできません。それだけでなく、もっと大きな意味で考える必要があります。

第一に、今お話ししたように、見えている世界で一所懸命逃げたとしても、どこでなにがおこるか分かりません。また、放射能による被害は時間的にも場所的にも限定されませんから、完全に逃げおおすことはできません。

放射性物質を利用するということは、ウランなどの原料を鉱山から採掘して、精製する過程から、原発や軍事目的での利用中もつねに被曝《ひばく》の問題を抱えていますが、それだけでなく、最終的な処理と保存管理においても、人間の歴史時間（数十年から数百年）をはるかに超えた対応を迫られます。使用済み燃料や廃棄物をふくめて何万年間も放射線を出しつづける存在ですから（プルトニウムの放射能の半減期は2万4千年）、どこかに廃棄したとしてもお付き合いせざるをえません。放射能の危険性には、向き合う、あるいはどう引き受けるかという姿勢を持っていないと、そのときどきの安全というだけでは問題をとらえきれないのです。

原子力（核）を利用することのリスクは、長い時間の中では自分たちが――自分の孫や孫の孫かもしれませんが――引き受ける覚悟が必要だということです。今はたまたま福島の人たちが被害を受けているかもしれませんが、それが完全に他人事《ひとごと》とは言えないのです。被害を受けたのは自分だったかもしれないという気持ちが大切です。

また、そもそもそんな原子力（核）を導入した責任について、考えなければなりません。そのうえで、すでに被害を受けた人たちとどうやってお互いに支えあうつながりをつくれるか、という視点が必要です。

――よくわからないんだけど。

安全は大事だけれど、そもそも安全とはそんなに簡単なものではない、ということです。個人的に安全を確保したと思っても、それは一時的なものであって、原子力リスクへの向きあい方は、一筋縄ではいかないむずかしい問題を秘めていると言っていいでしょう。みんなで回避していくような道をともにつくっていかないことには解決にならない、ということです。そうでなければ、その食べものが危険なのかそうではないのかだけの話になってしまい、問題のとらえ方や認識がせまくなってしまいます。

――むずかしすぎる。

たしかに、ちょっとむずかしくなってしまいました。

人間は個人で生きているわけではなくて、社会の中で生きているし、生かされています。その中での問題や危険について、個人的な安全志向ではなくて、もっと大きな安全、あり方の問題ということです。

被害を受けた人にたいして、その気持ちを想像したり、活動を応援したりすることも、リスクへの向きあい方の大切なひとつの方法です。

原発事故のあと、農家さんたちは土地の放射能汚染とそれにともなう自分たちの被曝、健康への不安などに加えて、農産物が売れない、正当に評価されず安く買いたたかれるなど……何重もの被害をこうむりました。それでも、住み慣れた郷土でがんばっている人たちがいます。

たとえば、福島県の二本松市東和地区の「ゆうきの里東和ふるさとづくり協議会」や須《す》

被害を受けた人の気持ちになってみることは放射能のリスクに向き合うひとつの方法

賀川《かがわ》市の「ジェイラップ」（つくる人と食べる人をつなぐ農業集団）などでは、放射能という見えない汚染を自分たちで測定することによってわかるようにし、いろいろ試して作物の放射性物質をぎりぎりまで減らす対策をとり、同時に農作業する自分たちの被曝も減らすための対策を立てながら作物をつくっています。そして、徹底的な自主測定による安全性確認によって、作物を買って食べる消費者との連携を築いています。

農産物の安全確保にかんして、こうした負担を被害者である人々が背負う状況はたいへん問題があります。そうした努力について冷めた見方もありますが、とにかくできることを考えて、じっさいに行動して成果をだしているのです。安全確認している彼らの農産物を食べることは、安全とは何か、リスクとは何か、その意味をともに考える一歩になります。

また、福島第一原発から20キロ圏内外にまたがる南相馬市では、有機農家さんたちが中心となった「南相馬農地再生協議会」が、かつての田んぼに菜の花を植えています。ナタネからとる油には放射性物質のセシウムはふくまれないからです。チェルノブイリ原発事故の後に、ウクライナの農地再生に取り組んできたNPOも一緒に行っている活動で、地元の農業高校の農業クラブや相馬市の卵農家さんとも協力して、菜種油やマヨネーズ、ドレッシングなどを商品化しています。

スタッフがこの活動に共感したことから、東京の自然化粧品・石鹸メーカー「ラッシュジャパン」が、この菜種油を原料にしてつくった石鹼を販売したところ、お客さんにも好評で、「菜種油の製造を支援するなど、たんに原料を買うだけではない関係も築かれています。

さらに、今後は菜種を収穫したあとの葉や茎、搾油《さくゆ》したあとの油粕《あぶらかす》を発酵させてできたバイオガスをエネルギーとして利用して、放射性物質をとりのぞいた残りの液体は肥料として畑にまき、最後に残った放射性物質をふくむ汚泥《おでい》だけを低レベル廃棄物として処分する計画をたてています。「原発事故があって、地域にある自然資源を循環させた暮らしをつくりたいという思いが強くなった」という農家さんたちが、地域の人たち、協力してくれる人たち、生産したものを買ってくれる人たちとの関係をつくりながら、農業を中心とした資源の循環で地域の再生を目指しているのです。

このような、被害を受けた人たちと、その人たちと一緒になって活動する人たち、共感して応援する人たちの結びつき、活動はたくさんあります。そのひとつひとつが放射能リスクにたいして自分たちの問題としてむきあう活動です。本当の意味でリスクに対応するとりくみはすでに始まっているのです。

――そういうことなら、わかる気がする。

被害を受けている人との連帯をどうつくるのか。これは放射能のリスクに限らず、難民の問題なども同じです。世界の危機を自分たちの問題とつなげていくところから、次の道筋、本当の意味のリスク回避につながっていくはずです。

日本では、広島と長崎での原子爆弾投下（大量被曝）、1954年の太平洋（ビキニ環礁）核実験での第五福竜丸事件（漁船、乗組員の被曝）、戦後の高度成長期では水俣《みなまた》病やイタイイタイ病、四日市ぜんそくほかの多くの深刻な公害被害、そして福島原発事故など、世界史にきざまれる大事件を経験してきました。

こうした問題は、現代世界がかかえている矛盾が表に噴き出たものです。ですから、そこには、学ぶべき多くの事柄が秘められています。いわば負の側面の中にこそ、これからの社会をどのようにより良くしていくかの道筋と鍵があると言えるでしょう。それをさがし出すことが求められているのではないでしょうか。


――食べることから、社会をよくする話までできたね。


はい。食べることは社会のあり方と切っても切り離せないのです。

では、次に少し視点をかえてみましょう。

2 食がもつ潜在的な力って？

――視点を変えるってどんな話なの？

食のもっている潜在的な力についてです。マグマのように命をうごかしている食の世界は、いざ蓋《ふた》をあけてそれを掘り下げてみると、とても深くて、素晴らしさとともに恐ろしさもある世界です。それは、さまざまな宗教で、食が重要な意味をもっていることにもつうじます。

たとえば、禅宗《ぜんしゅう》のお坊さんは修行として薄いおかゆだけにして、食をものすごく狭《せば》めたり、さらに断食《だんじき》の場合は食べものは摂らず水だけにします。2～3日の短いものから1週間より長い場合もあります。

食べものは身体を形づくり、身体を動かすエネルギーのもとにもなっていますが、食べるということは、いろんな感覚を呼び覚まし、生命力を食べるということに集中すること で、たいへんエネルギーを使うことでもあります。ですから、食を絶つということは、自動車で言えば、アクセルを踏んでエンジンをふかしている状況から、だんだん燃料がなくなってギアを入れずに滑走している状態、飛行機でいえば、エンジンをきって滑空して風にまかせるというような状態と言えます。そんなふうに自分の身体が維持されているという感覚になるのです。

修行としての断食では、指導者がいて、いろいろな行事を組み込んで、安定した状態を保つことができます。うまくできれば、自分を動かしていたものが切れて、そこから解放されて、感覚的にも研ぎ澄まされ敏感になります。食べることでそこにエネルギーと意識が集中しているのを一度はずすと、ある種の異世界になるのです。

ごちゃごちゃしたエネルギーの塊《かたまり》(俗世界)からしりぞくと、あらたな感覚を見出します。普通の状態がロウソクの炎がゆらいで活発にうごいている状態とすると、ほそぼそと灯を保ちながらしずかにいるような状態です。そういう感覚の中で安定した、解放的な意識の世界(聖の世界)に入ることができます。こうして、宗教の修行に必要な特別な精神状態をつくりだしているのです。

私も断食道場で1週間の断食をしたことがあります。食を絶つと、はじめは食欲を強く感じて、飢《う》えがすごくあるのですが、だんだん純粋になるというか、外からの刺激をある程度減らして、自分に向きあい、自然と交流する中で、自分が透明になってくる感じがしてきます。そのあと、薄いおかゆから食べはじめますが、最初の一口は命の1滴が染みわたるような感じがします。自分がまた生き返ったような気持ちになるのです。

食のもつひとつの奥深い、素晴らしい世界を感じられるときです。

――食べないで到達する世界なのに?

そうですね。矛盾した言い方のようですが、食べないことで感じることができる世界は、ふだんの食べる生活がなければありえません。そして、そこから戻ってくるときに命を感じることができるのです。

ただし気をつけなければいけないのは、もとの世界に戻るのがむずかしくなることもあることです。拒食症の場合もそうですが、食を絶つことは、解放される状態とともに、ある意味で命をすり減らしていくことなので、どこかでそこから戻ってこなければなりません。昔は、「即身仏」(修行者が食を断ち瞑想して悟りを開き仏になる)と言って断食してそのまま亡くなるお坊さんがいましたが、そういうところに入っていってしまいます。

これが食がもつひとつの恐ろしい面です。

じつは、断食でいちばんむずかしいのは戻るときなのです。失敗するのはだいたいこのときです。食を絶ち、また食べ始めるときは、自分ですべてをうまくコントロールすることはむずかしいので、かならず指導者が必要です。エネルギーを絶って命のエンジンの回転を落とした状態から、もう一度エンジンをかけるときに、うまく回転させて安定に戻ればいいのですが、再び食べ始めて食欲がでてくると、その食欲をうまくコントロールできなくなって食べすぎてしまうのです。拒食症の人でも、拒食と過食を繰り返すということがよくあります。

――断食はしたことないけど、食べ過ぎることはあるよ。

そうですね。断食は素晴らしい体験もできますが、食の恐ろしい面にも触れることになりますから、簡単におすすめはできません。そうでなくても、おいしい食べものがいつでも手に入る今の社会の中で、食欲とうまくつきあうのはなかなかむずかしいことです。

この本では、ふだん気づきにくい食についてのいろいろな話をしてきましたが、最後にもうひとつ、またちがった視点についてお話ししたいと思います。

ちょっと食と離れますが、お付き合いください。

深層心理という言葉がありますが、私たちには普通の意識では表にでてこない、ふだんは隠れている潜在意識があります。自分が今ここにあるように見て、認識している世界は氷山の一角で、捉えきれていない深い部分のなかにいろいろなものが蓄えられていると考えられています。言い変えれば、言葉でも、習慣でも、食べ方も、味覚でも意識的に認識しきれていない多くのいろんなものが積み重なって私になっている、ということだと思います。

東日本大震災後の被災地を訪れて体験したことで、そのことについて、改めて気づかされました。

津波や放射能汚染によって被害を受けた地域では、人びとの生活はばらばらになっていましたが、それでもお祭りなど、昔からつづけてきた行事を催しました。そこで、人びとが集まり、神輿《みこし》をかつぎあい、神さまにお供え物をしたり、郷土芸能や神楽《かぐら》を奉納するときに、みんなの気持ちがひとつになったような、一体感が生まれた場面に何度も出会いました。被災者の方々は毎日大変な思いをされているのですが、前の世代から受け継いできた地域の営みをみんなで集まって行うことで、ふだんは意識にのぼらない気持ちが溢れて

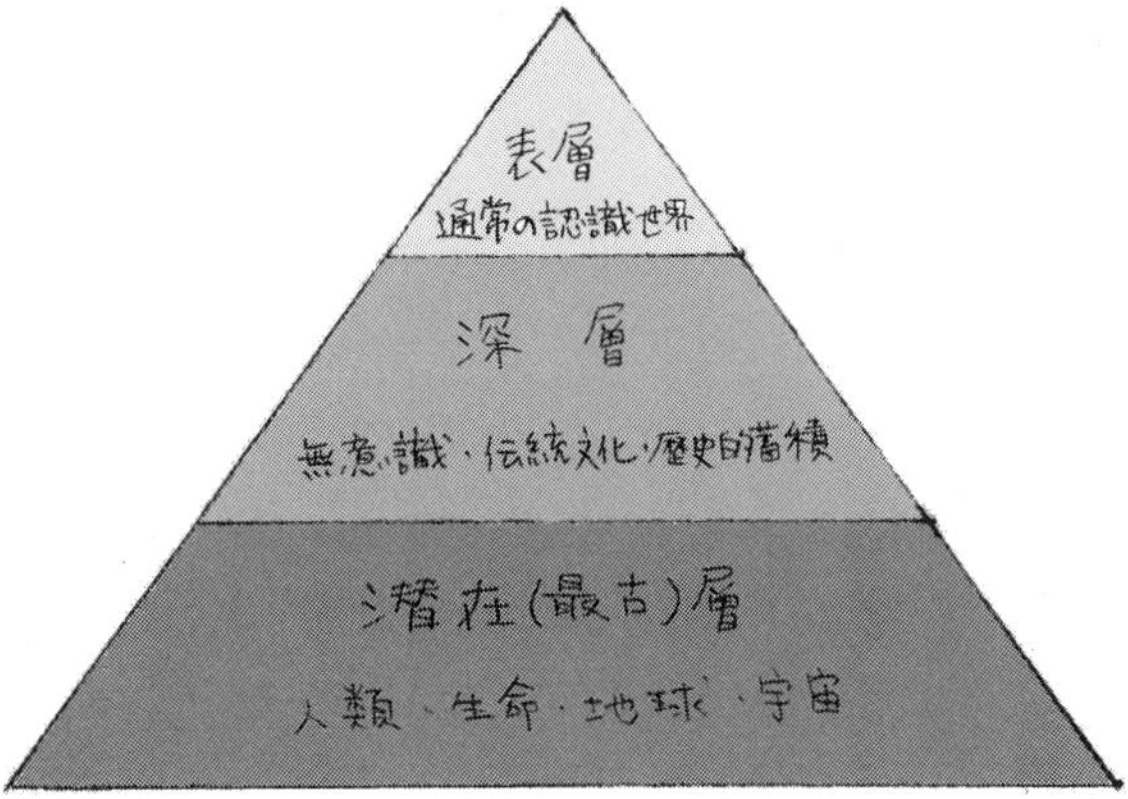

人間（私）を支える三層構造

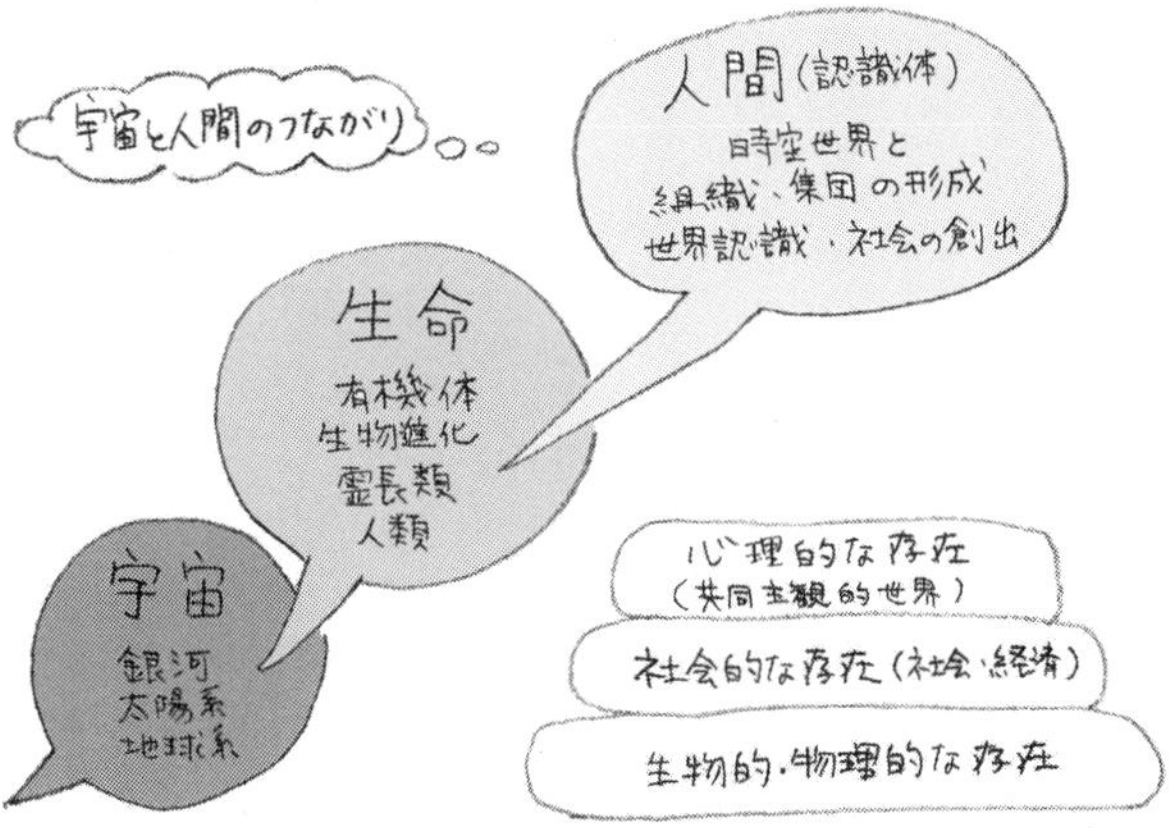

人間と世界の相互重層的関係

きたのだと思います。

――それが深層心理ってこと？

はい。お祭りや年中行事が大きな意味を持っていた昔の人びとは、自分が今見えているだけの存在ではなく、もっと奥深い世界とつながっている、自分たちを支えてきた奥深い世界と一体化する感覚を強くもっていたのではないかと思います。そういう一体感を、被災地のお祭りなどの行事で感じたのです。

ここでもっと想像力をふくらませると、私という存在の奥深くには、ずっとつながってきた人間の歴史の営みが重なっている、と考えることもできます。さらにさかのぼると、今ある命は生命の誕生から数知れない命のつながりあいの中で生まれたのだとわかります。さらにもっとさかのぼると、物質が循環して宇宙のいろいろなものの営みの中で地球が誕生し……と大きな大きな世界とつながっています。そういう中で、たまたま今ここに自分がいるのです。

――すごいスケールが大きい話だけど、なんとなくわかる気もする。

食べることには、ふだんは見えない生命のつながりとしての深い世界がある

話が広がりすぎだと思うかもしれませんが、自分自身をいろいろな角度からとらえなおして、過去、現在、未来について思いをめぐらすと、いろいろなものの世界がぜんぶつながっていることに気づきます。

それは食の世界でも同じです。第1章で、食べることを通して、はてしない宇宙とつながっている、という話をしたのはこのことだったのです。

——食べることで、自然の循環の一部になってるって話だったね。

そうです。食べるということは日常生活で繰り返していることですが、ふだんは見えない食の奥を見てみると、いろいろなつながりがあり、物質＝栄養としての側面だけではなくて、生命のつながりとしての自分という深い層の世界がそこにあります。腸や土の話もしましたが、そういうものがあって私がいるのだと考えること、隠れている世界に思いをはせることで、今、見えている世界が何重もの深い世界によって組み立てられていることを捉えることができます。

そういうふうに見方を深めてもらえれば、と思います。

おわりに

食べることについて、いろいろな面からお話ししました。食べることは日々の営みですが、ひとたびそのことの不思議さに目を向けると、無限の世界が見え隠れしていることがわかりました。第一に言えることは、「食の無いところには、いのち無し」ですね。

あなたは食べることについて、どんな関係を持ってきたのでしょうか。

参考になるかもしれませんので、私の話をします。

私が食べることに興味を持ったのは、中学生のころ、父が食事療法を始めたのがきっかけでした。胃潰瘍《いかいよう》になった父が玄米《げんまい》の食養生《しょくようじょう》で元気を回復したことで、食の力はすごいと思ったのです。それで、食べることで自分の身体をコントロールしたい、と意識して食事をするようになりました。大学受験で浪人したときは、修行のような食事で身体をコントロールして一種の能力開発をしようとしたのですが、逆に体調を崩してしまい、食事療法はのめりこむとかえって身体によくない、結局のところは無理なくバランスよく、という方が無難という結論にいたりました。

大学に入学しましたが、そのころは学生運動がさかんで、学校は封鎖状態で、学問とはなにか、何のために学ぶのか、研究の成果が社会になにをもたらしているかが問われた時代でした。ちょうど水俣《みなまた》病や四日市ぜんそくなどの公害問題が深刻化していて、公害の元となった工場の責任を問う裁判もおきて、科学技術そのものが自然環境を破壊しているということが認識されはじめていました。そんなこともあり、大学の外、現実社会の公害問題や自然破壊の現場に足を運ぶ活動にのめり込んでいきました。

中国ではそのころ、伝統的な医療と近代的な医療とを融合する「はだしの医者運動」があり、西洋医学的な分析科学にたいして、東洋医学の全体論的な見方、自然観、健康観が注目されはじめて、日本でも民間療法や伝統的な知恵や技能を見直す動きがおこっていました。岩手県の平泉(旧衣川村)では橋本行生さんというお医者さんが(現在は熊本市在住)、民間療法の価値を地域の中から掘り起こす活動をされていて、そこを訪ねたり、操体法《そうたいほう》という、身体のゆがみを直すヨガにも通じるような療法や、食養生や断食療法など、「健康」を捉え直し、自分の身体を自分で直すという取り組みにもかかわりました。

ある種の社会的な混乱といってもいいと思いますが、１９７０年代にはいろんな試みがいろんなところでうずまいていたのです。そういう社会的な渦《うず》に出会い、そこでさまざまな出会いをしたことが大きな転換点となりました。

そして、食の問題から食べものを生産している農業へと関心がひろがり、ちょうど近代農業への批判として各地で生まれていた有機農業の現場をたずねました。そうした中、農学部に籍をうつして大学院に行きました。農学は自然科学から社会科学、農業政策、経営や技術、農業史、思想哲学まで入ってくる総合的な科学です。

大学院時代もいろいろなとりくみに参加しました。大学の先生が設立にかかわった「使い捨て時代を考える会」という団体では、たくさんのことを学びました。そこでは小さな流通の会社（安全農産供給センター）ができて、農家さんを訪ねたり、消費者の会員の人たちと研究会をひらいたり、実験農場もできたりして、市民の力が集まることで小さくても協同的なとりくみを自分たちで実現できることを実感しました。

学問のあり方が問われたという点では、当時は水俣病の原因究明に中心的にかかわった東京大学助手の宇井純さんが「公害原論」という公開講座を自主的に市民むけに開講していました。彼はそのために東大では万年助手の待遇を受けました。京都大学原子炉実験所にいながら反原発を訴えつづけた小出裕章さんもそうした方ですが、学問のあり方にたいして問題提起する人が多くでてきた時代でもありました。

そして、そういう動きの方が元気があっておもしろかったのです。大学のキャンパスを出て社会の現場にテントをはって、全国いろんな場所をキャンパスにして地域から学ぼうという、文化人類学者の川喜田二郎さんの「移動大学」という活動にもかかわりました。

当時、こうした従来の枠をこえた動きがたくさんあって、積極的にそういうところにかかわってきたことで、視野がとても広がったと感じています。運よく研究と教育の場での職を得ましたが、今もかつてと同じ延長でずっときているので、大学で教授に就いてはいますが、いくつものNGOやNPO、協同組合などの活動にかかわっています。

還暦（60歳）を過ぎたころに脊髄腫瘍《せきずいしゅよう》のため大手術を受けました。このとき人生を振り返ってみて、自分という存在についての不思議さに改めて気づきました。自分がいて、家族がいて、あなたや世界の多くの人びとがいて、目に見えない糸でつながりあい絡《から》みあっています。見えない過去、未来を思いながら、この世界の中で今を生きています。不可思議さとありがたさがまじりあう、この世界の成り立ちについては、いろいろと考えたいことが山ほどありますので、また機会があればお話しできればと思います。

この本では、生きる上で欠かせない食を手がかりにして、自分、社会、世界の成り立ち方、人間と自然と生きものの世界の関係性について考えてみました。当たり前と思っていることにも、奥深い世界がかくれていること、そこから一歩ずつでもほり下げていくことで、自分と世界の新しい関係が見いだせるのはとても素晴らしいことです。食を通して、生きていることの意味や、驚きの世界を発見する醍醐《だいごみ》味を、この本であなたが少しでも味わえたなら、こんなにうれしいことはありません。

• http://www.ajimu-gt.jp/ （NPO法人安心院町グリーンツーリズム研究会）

宮崎県 綾町

日本一の照葉樹の森を誇る綾町は、森を守った郷田實元町長の50年以上前の活動から循環型農業にとりくんできました。その娘であり、薬剤師でもある郷田美紀子さんの「薬膳茶房オーガニックごうだ」や食と農の体験ができる「綾わくわくファーム」はじめ、町内にはパワースポットがたくさんあります。

• http://www.town.aya.miyazaki.jp/ayatown/ （綾町）
• https://mikiko-gouda.jimdo.com/ （薬膳茶房オーガニックごうだ）
• http://ayadore.jp/ （綾わくわくファーム）

熊本県 水俣

かつて公害に苦しんだ地では、水俣病の教訓を後世へつなげようと、山と海の環境を守る農・漁業者たちががんばって環境の町を育ててきました。今は若い世代の活躍が目立ち、「天の製茶園」や「桜野園」の無農薬の和紅茶は海外でも売られています。泉質の良い湯の鶴温泉や湯の児温泉もあります。

• http://amanoseicyaen.web.fc2.com/ （天の製茶園）
• https://ameblo.jp/otya-sakuranoen/ （桜野園）
• http://www.econet-minamata.com/ （エコネットみなまた）

沖縄県 宮古島

那覇と台北の中間くらいに位置する宮古島。マンゴーや海塩も名産ですが、透き通るような海の美しさは格別です。農家民宿「津嘉山荘」では、千代さんの後をついだ息子さん夫婦が自家栽培の無農薬野菜と旬の島食材を使った、化学調味料を使わない食事を受けついでいます。

• http://www2.miyako-ma.jp/tukayama/ （津嘉山荘）
• http://www.city.miyakojima.lg.jp/kanko/ （宮古島）

自然栽培パーティ

佐伯康人さんがはじめた、障がい者たちと自然栽培にとりくむネットワークは68施設（2017年10月現在）にのぼり、下記サイトから探せます。「田んぼや畑で作業をしていたら、声をかけてください」とのことなので、ぜひ一緒に作業をさせてもらいましょう。

• http://shizensaibai-party.com/

各地の水田トラスト、棚田トラスト、里山トラストなど

つくる人と食べる人が一緒になって、田んぼや棚田を守ろう！というのがトラストのしくみ。田植え、草取り、収穫祭……と、おりおりに人々が集まってともに汗をかき、ともにおいしい食事を囲みます。近くにないか探してみてくださいね。

神奈川県 戸塚 カフェゆっくり堂

善了寺の敷地の一角にオープンしたカフェは、本堂同様、エコ建築。コミュニティの再生と「つながり直し」を願って誕生しました。環境運動家の辻信一さんもかかわり、「森を守るコーヒー」や自然食を味わいながらゆっくりできます。

- http://zenryouji.jp/ （善了寺）
- https://www.yukkurido.com/ （ゆっくり堂）

三重県 多気町 高校生レストラン「まごの店」

高校生のお店なのでホームページはありませんが、下記サイトで営業日を知ることはできます。地元の素材を使った料理の美味しさには定評があり、今でも、授業でつくったお菓子を売る「まごの店sweets」ともども、開店前にならんでも必ず食べられるとは限らない人気ぶりです。

- http://www.mie-c.ed.jp/houka/mago/mago.html
- http://www.furusatomura.taki.mie.jp/ （「まごの店」がある「五桂池ふるさと村」）

岡山県 美作市 上山集楽

若者たちによる棚田再生から活気あふれる地域となった美作市の上山地区。棚田の収穫祭やお祭り、キャンプはもちろん、薬草や野草の料理を習ったり、ジビエも食べられるツアーなどイベントがいっぱいです。また、棚田米やカフェインのない棚田米のコーヒーなども買えます。

- https://ueyama-shuraku.jp/

島根県 隠岐郡 海士町

島に中長期くらしてみるワーキングツーリズムや、島の食材をつかう料理人を1年かけて育てる「島食の寺子屋」も加わり、ますます面白いことが増えています。港の食堂の名物のさざえカレー、その正面の店では放牧している貴重な隠岐牛を味わえるほか、歴史ある風光明媚な観光地としても魅力的です。隠岐島前高校への留学情報もホームページでチェックできます。

- http://oki-ama.org/ （海士町観光協会）
- http://www.town.ama.shimane.jp/ （海士町）
- http://www.dozen.ed.jp/ （県立隠岐島前高等学校）

大分県 安心院《あじむ》

80年代半ばから農家民宿の先進地として知られ、日本人が休める社会が地方を元気にすると、バカンス法制定に今も奮闘しています。地域に十数軒ある農家が宿泊客を受け入れ、そこに家族のように泊まって、村のくらしを味わえる「農村民泊」。「1回泊まれば遠い親戚、10回泊まれば本当の親戚」と、10回泊まった人には、地域でお祝いし親戚の認定書が送られます。

福島県 南相馬市

原発事故によって、お米がつくれなくなった田んぼに菜の花を栽培するプロジェクトでは、菜の花のお花見会、種まき会も開催しています。菜種油、マヨネーズなどの商品は、道の駅「南相馬」でも買うことができます。

• http://minamisoma-nouchisaisei.org/ （南相馬農地再生協議会）
• http://www.nomaoinosato.co.jp/ （道の駅「南相馬」）

福島県 二本松市 東和地区

循環型有機農業に地区で取り組んできた東和では、震災後、農産物を徹底して測定してきました。農家民宿、移住者支援も充実していて震災後も個性あふれる人が集まっています。若い菅野瑞穂さんの「きぼうのたねカンパニー」が主催する体験ツアーも人気です。

• http://www.touwanosato.net/ （ゆうきの里ふるさとづくり協議会・道の駅ふくしま東和）
• http://kibounotane.jp/ （きぼうのたねカンパニー）

埼玉県 見沼たんぼ

田んぼや畑、雑木林、川や用水路からなる東京ドーム268個分もの広大な緑地では、市民団体や福祉施設などさまざまな団体が活動しており、農業体験や援農などに多くの人が参加しています。

• http://www.minumatanbo-saitama.jp/

埼玉県 小川町

1970年代から有機農業をはじめた霜里農場を中心に若い新規就農者も集まり、お豆腐屋さんから酒屋さん、リフォーム会社までさまざまなつながりが生んだ循環型農業の聖地です。有機食材を使った食堂も数軒できてきましたし、毎年開催される「小川町オーガニックフェス」では、若い世代を中心に多くの人でにぎわいます。

• https://ogawaorganicfes.com/ （小川町オーガニックフェス）

東京都 足立区 都市農業公園

「緑で遊び、農から学び、食にこだわり、地域に生きる」という足立区立の公園。首都高速道路の高架脇に広がる有機農業の田畑では、稲や野菜の育つ様子を観察したり、栽培や収穫を体験したりできます。東京版エディブル・シティがここにあります。

• http://www.ces-net.jp/toshino/

東京都 練馬区 大泉風のがっこう（白石農園）

東京外環自動車道にほど近い農園では、1997年から園主の白石好孝さんが125区画の利用者に農作業を指導、実績あるエディブル・シティです。ハウスではイベントが催され、農家レストランもあり、なにより白石さんに惹かれて人がつどう場になっています。

• http://shiraishifarm.blog.so-net.ne.jp/

行ってみよう
大地とつながる食に出会えるパワースポット

島村菜津さんとの対談を中心に、この本で紹介したスポットを紹介します。今、このようなスポットは全国で増加中です。あなたのまわりのすてきなスポットを探して、出かけてみてください。

共働学舎

北海道十勝平野で、原料からチーズをつくる「共働学舎 新得農場」には交流センターがあり、一般の人も訪れることができます。「信州共働学舎」でもワークキャンプなどが開かれています。また、東京都東久留米市にある「南沢共働学舎」では各地の学舎でつくられた材料で、クッキーを焼いています。

- http://www.kyodogakusya.or.jp/

山形県 置賜地域 長井市

置賜自給圏へとつながった、長井市の生ごみのたい肥化「レインボープラン」は農家と主婦たちの交流から生まれました。たい肥を使ってつくられた野菜が「レインボー野菜」として市内の直売所でも買うことができます。

- http://kankou-nagai.jp/ (やまがた長井観光局)
- https://www.okitama-jikyuken.com/ (置賜自給圏推進機構)
- http://okibun.jp/yuukinougyou/ (置賜文化フォーラム)

山形県 高畠町

北の有機農業の町として知られる高畠町には、たくさんの生産者グループがあります。オリンピック選手の要望に応えた米農家、菊池良一さんの住む町。『泣いた赤おに』で知られる童話作家の浜田広介が生まれ育った地には、その記念館もあります。「おいしいおかしがございます　おちゃもわかしてございます」という赤おにの言葉が思いだされます。

- http://takahata.info/log/?l=62770 (高畠町観光協会)
- http://www.takahata.or.jp/user/sansan/ (ゆうきの里・さんさん)

山形県 庄内地方「庄内食の都」

一軒のイタリアン・レストラン「アル・ケッチァーノ」のシェフと地元の研究者、農家の出会いから生まれた、山形県の在来種の食材を見直し、その価値を世界に伝え、味わえる場を増やしていく活動は県をまきこむまでになり、海外からの視察団もふくめ、多くの人を集めています。

- http://www.alchecciano.com/ (アル・ケッチァーノ)
- http://syokunomiyakoshounai.com/ (食の都庄内)

古沢広祐《ふるさわこうゆう》
1950年東京生まれ。農学博士。國學院大學経済学部教授。

NPO法人「環境・持続社会」研究センター(JACSES)代表理事。

NPO法人日本国際ボランティアセンター(JVC)理事。

持続可能な生産・消費、世界の農業・食料問題、環境保全型有機農業、エコロジー運動、
協同組合・NGO・NPOなどについて研究するほか、学外の活動も積極的に展開している。

著書に『地球文明ビジョン』(NHKブックス)、『共生時代の食と農』(家の光協会)、

『共生社会の論理』(学陽書房)、共著に『共存学1~4』(弘文堂)、

『持続可能な生き方をデザインしよう』(明石書店)ほか多数。

中学生の質問箱
食べるってどんなこと?
あなたと考えたい命のつながりあい

発行日　2017年11月22日　初版第1刷

著　者　古沢広祐
編　集　山本明子(平凡社)
構成・編集　市川はるみ
発行者　下中美都
発行所　株式会社 平凡社
〒101-0051 東京都千代田区神田神保町3-29
電話　03-3230-6583(編集)
03-3230-6573(営業)
振替　00180-0-29639
平凡社ホームページ http://www.heibonsha.co.jp/
装幀+本文デザイン　坂川事務所
DTP　柳裕子
イラスト　岩井真木
印刷・製本　中央精版印刷株式会社

ISBN978-4-582-83767-4
NDC分類番号596　四六判(18.8cm)　総ページ224
乱丁・落丁本のお取替えは直接小社読者サービス係までお送りください(送料は小社で負担します)。